Thomas Graber

MeTime – eine Philosophie für mehr Lebensqualität

Zeitmanagement | Stressbewältigung | Burn-out-Prävention

Thomas Graber

MeTime – eine Philosophie für mehr Lebensqualität

Zeitmanagement | Stressbewältigung | Burn-out-Prävention

Ein herzliches Dankeschön an alle, die mich für dieses Buch inspiriert und bei der Umsetzung unterstützt haben. Ein spezieller Dank geht an das Team von just für die Visualisierung meiner Gedanken und an Andreas Türk für die redaktionelle und inhaltliche Unterstützung sowie den kreativen Austausch.

Impressum

2. Auflage 2023

Illustrationen: Art Direktion: Christian Geisler, just GmbH audiovisuelle produktionen München, www.just-online.de
Illustrator: Florian Mitgutsch Illustration München, www.mitgutsch.de
Redaktionelle Betreuung: Andreas Türk, www.mediaconsult-gmbh.de

Lektorat: Achim Sacher, Holzmann Medien | Buchverlag
Layout und Satz: Markus Kratofil, Holzmann Medien | Buchverlag
Druck: Steinmeier Druck | Deiningen

ISBN (Print): 978-3-7783-1683-2 | Artikel-Nr. 1547.02

Vorwort des Autors

Sie kennen das bestimmt auch: Es gibt Tage, da hat man einfach keine Lust, keine Kraft, würde am liebsten im Bett liegen bleiben und die Decke anstarren. Doch das geht nicht: Mitarbeiter warten, Besprechungen sind angesetzt, und Termine sind einzuhalten. Also steht man als pflichtbewusster Unternehmer schon beim ersten Klingeln des Weckers mit einem Bein draußen – und steht den ganzen Tag unter Druck, bringt seine Leistung, koordiniert, organisiert, terminiert ...

Thomas Graber

Dass man abends meistens der Letzte ist, der den Betrieb verlässt, bekommt kaum einer mit. Wertschätzung? Dankbarkeit? Fehlanzeige. Meist nur ein langes Gesicht von Frau, Familie und Freunden, wenn man (wieder einmal) keine Zeit hat. Das Geschäft geht nun einmal vor!

Immer häufiger kommt es auch in meinem persönlichen Umfeld vor, dass sich Freunde mit den Worten „Ich kann nicht mehr." verabschieden Gut ist da ja noch, wenn Sie sich mit Burn-out für ein paar Wochen abmelden und eine Kur machen. Viel schlechter, wenn Sie vor lauter Stress einen Herzinfarkt haben oder gleich viel zu früh aus dem Leben gerissen werden. Auch das kommt leider immer häufiger vor.

Ich male schwarz? Keineswegs. Schauen Sie sich einmal in Ihrem persönlichen Umfeld um!

- Welcher Selbstständige bleibt denn wirklich zu Hause, wenn er krank ist? Nur wenige. Und das hat Folgen ...

- Welcher Unternehmer nimmt sich wirklich all die Urlaubstage, die seine Mitarbeiter mit Recht einfordern? Kaum einer. Auf jeden Fall bleibt er mit einem Bein immer im Unternehmen.

- Welcher Selbstständige schaut auf die Uhr, wenn die gesetzlich vorgeschriebene Höchstarbeitszeit erreicht ist? Die meisten arbeiten bis zum Umfallen – und das manchmal sogar im wörtlichen Sinn.

Ich selbst habe es auch so gemacht. Ich habe den Betrieb meines Vaters mit 18 Jahren übernommen. Und ich habe alles gegeben. Alles war neu, spannend, aufregend. Deutschland wurde gerade wiedervereinigt, und neue Märkte taten sich auf. Ich bin gerannt und geflitzt, habe alle Höhen und Tiefen erlebt, die ein Unternehmer erleben kann. Ich habe das von meinem Vater gegründete und aufgebaute Unternehmen aus der drohenden Insolvenz geführt und zu einem erfolgreichen mittelständischen Handwerksbetrieb gemacht, der weit über die Grenzen der Region hinaus bekannt ist.

Aber ich habe auch gemerkt: Ich bin nicht der Nabel der Welt, als einsamer Wolf komme ich nicht weiter. Und vor allem: So kann es nicht weitergehen, ich muss achtsam zu mir selbst sein. Das ist der Punkt, an dem man nach Veränderung sucht. Ganz schnell tauchen schlaue Ratgeber auf und man ist versucht, irgendeiner Mode nachzulaufen: Mach Yoga, mach Sport, ernähr dich gesünder, fahr in Urlaub, such dir ein Hobby. Egal, wie und was: Der Erfolg solcher Maßnahmen ist, wenn überhaupt, meist nur kurzfristiger Natur. Denn darum geht es gar nicht.

Es geht um das Bewusstsein, sich nachhaltig um sich selbst zu kümmern, darum, eine Grundhaltung zu entwickeln, die die Basis für den Weg ist – egal, wie dieser Weg dann aussieht. Jeder muss dieses Bewusstsein erst für sich entwickeln, muss sich und sein Universum neu bzw. anders organisieren – und dann erst den Weg finden, der wirklich gut für ihn selbst ist.

Aus persönlichen Erfahrungen und vielen Gesprächen mit Unternehmerkollegen entstand die Idee zu **MeTime.** Um es klar zu sagen: Das sind nicht nur ein paar Tipps, wie man mehr Freizeit hat. MeTime ist eine Philosophie, die in ganz viele Bereiche des Lebens eingreift. Ein bisschen mehr Organisation, ein bisschen mehr Struktur und ein bisschen mehr Egoismus. Aber wer das Nachfolgende konsequent anwendet, der wird am Ende nicht nur mehr Zeit, sondern gleichzeitig auch mehr Erfolg haben. Und ich verspreche es Ihnen: Es ist ganz einfach. Sie brauchen eine klare definierte Strategie, einen guten Spielplan, ein paar Regeln und am Ende stehen ein paar Kästchen, die Sie nur „noch“ mit Häkchen füllen müssen. Wenn Sie – und alle in Ihrem Umfeld – nach diesen Regeln spielen, wird es für alle einfacher, entspannter und erfolgreicher sein.

Tauchen Sie mit mir in diese Philosophie ein. Diesen Ratgeber zu lesen, wird Ihnen ein bisschen Zeit abverlangen. Aber ich verspreche Ihnen: Diese Zeit ist gut investiert! Denn Sie werden sie mit einer ganz hohen Rendite zurückbekommen.

Rimsting, im Sommer 2023

Ihr
Thomas Graber

Inhalt

Vorwort des Autors 5

I. Einleitung 9

1. Das Unternehmer-Umfeld heute 9

1.1 Zeit 9

1.2 Leistung 12

1.3 Werte 13

1.4 Digitalisierung 15

1.5 Burn-out 21

2. Die Unternehmer-Realität heute 27

2.1 Persönlichkeit 28

2.2 Umfeld 32

2.3 Gesellschaft 34

II. Die MeTime-Philosophie 37

1. Einführung 37

2. MeTime ist eine Philosophie! 40

3. Drei Werkzeuge, die positiv wirken 42

3.1 Die 150er-Regel 42

3.2 Ich bin mir selbst der Wichtigste 44

3.3 Ich baue mir die Welt, wie sie mir gefällt 45

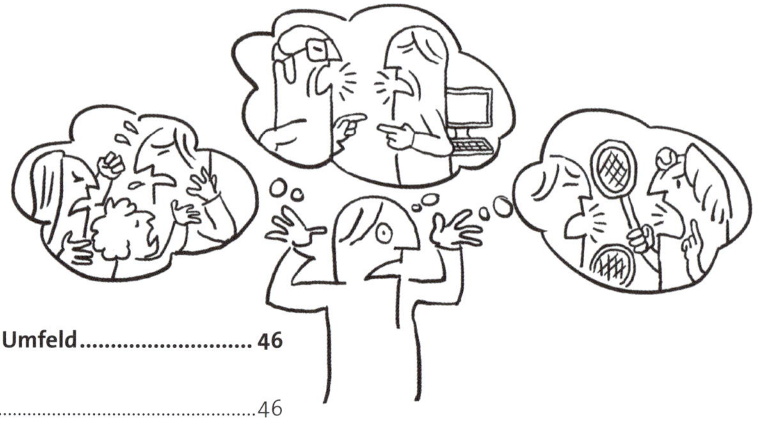

4. Drei Gefahren im Umfeld............................ 46

4.1 Zeitdiebe...46

4.2 Fremdsteuerung..48

4.3 Werte 49

5. Drei Werkzeuge für Selbstmanagement.... 50

5.1 Methode 1: Das Eisenhower-Prinzip.............52

5.2 Methode 2: SMART...54

5.3 Methode 3: Alpen 56

6. Neun Tipps für den Weg zu MeTime........... 58

III. Auswirkungen 75

1. Burn-out-Prävention.................................. 76

2. Qualität in der Arbeitswelt 77

3. Lebensqualität 79

IV. Kommunikation 81

1. Grundlagen der Kommunikation 82

2. Gute Kommunikation 86

IV. Ausblick 89

Der Autor 91

I. Einleitung

1. Das Unternehmer-Umfeld heute

Zeit, Leistung, Werte ... Das sind alles Begriffe, die Unternehmern täglich über den Weg laufen. Aber auch mit Digitalisierung und Burn-out werden wir in unserem Alltag immer häufiger konfrontiert. Das Umfeld, in dem wir heute agieren, ist ein anderes als vor 100 Jahren. Es ist aber auch ein anderes als vor 10 Jahren.

Doch bevor wir uns mit den konkreten Herausforderungen des aktuellen Unternehmeralltags beschäftigen, sollten wir einen Blick auf das Umfeld werfen, damit die Begriffe klar definiert sind und wir alle wissen, worum es in den folgenden Kapiteln geht.

1.1 Zeit

Zeit ist eines der wertvollsten Güter. Wenn sie verbraucht ist, kann man sie nicht mehr zurückholen. Jede Sekunde kann nur einmal verschenkt oder vergeben werden, dann ist Sie weg. Die Zeit schreitet unaufhaltsam voran.

Doch was ist Zeit eigentlich? Was ist das, von dem wir denken, dass wir immer zu wenig davon haben?

Zeit ist das, was Uhren messen. Jede Sekunde rückt der Uhrzeiger eine Sekunde weiter vor. Unaufhörlich. Doch diese Sekunde ist nur eine Definition, die die Menschen geschaffen haben: Eigentlich ist es eine physikalische Definition. Ein Cäsium-Atom schwingt rund neun Billionen Mal in der Sekunde. Und deshalb ist das 9,192-Billionenfache dieser Schwingung als 1 Sekunde definiert – genau die Zeit, die es auf der Armbanduhr dauert, bis der Sekundenzeiger einmal weiterhüpft.

Schon erstaunlich, dass die Physiker die Zeit definiert haben. Zeit ist keine Sache, keine Eigenschaft von Dingen, sondern etwas Abstraktes. Ein Ordnungs- und Maßsystem, das die Menschen geschaffen haben, um eine Orientierung zu haben. Was passiert wann? Wie lange dauert etwas? Wer ist wann wo? Was war wann? Was wird wann sein?

Neben dieser rein objektiven und messbaren Zeit gibt es auch noch eine psychologische Zeit, die gefühlte Zeit. Da hat jeder ein anderes Empfinden, eine andere Wahrnehmung. Das wurde in einem Experiment in den 60er-Jahren herausgefunden. Mehrere Probanden wurden wochenlang in einen unterirdischen Bunker gesperrt – ohne Tageslicht und Uhren. Was die Wissenschaftler dabei herausfanden, waren zwei interessante Erkenntnisse: Die Menschen lebten lange Zeit im gleichen Rhythmus von Tag und Nacht weiter, nahmen sich im Laufe der Zeit allerdings ein wenig mehr Zeit als 24 Stunden für einen Tagesablauf. Also: Der Mensch hat eine ziemlich präzise innere Uhr, einen Automatismus, auf den der Körper eingestellt ist.

Die Probanden wurden aber auch gebeten, jeweils nach einer Stunde auf einen Knopf zu drücken. Und da zeigte sich, dass die Ergebnisse wesentlich unterschiedlicher waren. Jeder hatte seine eigene Wahrnehmung, wann die Stunde vergangen war – manche schon nach weniger als einer (realen) Stunde, manche drückten erst nach drei Stunden auf den Knopf.

„Gegenüber der Fähigkeit, die Arbeit eines einzigen Tages sinnvoll zu ordnen, ist alles andere im Leben ein Kinderspiel.“ «

(Johann Wolfgang von Goethe)

Daraus lässt sich folgern: Unser Körper tickt zuverlässig, aber unsere Wahrnehmung von Zeit ist unterschiedlich.

Das hat jeder schon einmal erlebt: Ein langweiliger Abend mit Freunden scheint manchmal eine Ewigkeit zu dauern. Andererseits sorgen angeregte und interessante Gespräche dafür, dass es uns vorkommt, als sei die Zeit viel zu schnell vorbei. Meist folgt nach einem Blick auf die Uhr der Satz: „Was? Schon so spät ...?“ Vielen ergeht es auch bei der Arbeit so: Ein stressiger Tag mit vielen Terminen – und schon wird es draußen dunkel ...

Doch unser Körper hat sich in den meisten Fällen gut auf diese Kombination aus zuverlässiger innerer Uhr und subjektivem Zeitempfinden eingestellt. Das Zusammenspiel passt und wird erst dann auf die Probe gestellt, wenn etwas aus dem Takt gerät. Schichtarbeiter mit Wechselschichten kennen das Thema. Oder Menschen, die unter Schlaflosigkeit leiden. Oder unter Stress. Denn meist entsteht der Stress ja dann, wenn zu wenig Zeit da ist.

Zu wenig Zeit? Das geht doch gar nicht. Zeit ist immer gleich viel vorhanden. 24 Stunden am Tag, 1440 Minuten oder auch 86.400 Sekunden. Das Problem ist nur, dass wir entweder

- zu viel Zeit verbrauchen,
- zu viel Zeit verschwenden oder
- zu viel in die Zeit, die zur Verfügung steht, hineinpacken.

„Es ist nicht wenig Zeit, die wir haben, sondern viel Zeit, die wir nicht nutzen.“

(Sokrates)

Deshalb ist es wichtig, mit der Zeit richtig umzugehen. Denn sie ist unser wertvollstes Gut, sie kann nicht wiederhergestellt, kopiert oder zurückgedreht werden. Nicht wie bei Monopoly, bei dem es heißt: „Gehen Sie zurück auf Los!“ Das geht im richtigen Leben nicht. Alles fließt weiter, immer weiter, unaufhörlich.

Man kann so vieles machen mit der Zeit ...

- Zeit haben
- Zeit nehmen
- Zeit geben
- Zeit stehlen
- Zeit schenken
- Zeit finden
- Zeit bekommen
- Zeit einfordern
- Zeit lassen
- Zeit verschwenden
- Zeit managen
- Zeit „sinnvoll“ nutzen
- Zeit „sinnlos“ verstreichen lassen.

1.2 Leistung

Leistung ist die in einer Zeitspanne umgesetzte Energie. So zumindest ist die physikalische Definition. Aber den Begriff Leistung verwenden wir noch in viel mehr Zusammenhängen:

„Beurteilt die Menschen nicht nach ihrer Herkunft, sondern nach ihrer Leistung.“ «

(Perikles [ca. 500 – 429 v. Chr., athenischer Staatsmann])

- Leistung als Ergebnis einer Arbeit: Wir betrachten etwas und sehen darin eine Leistung. Wir können diese Leistung auch bewerten: eine gute Leistung, eine schlechte Leistung. Ein Urteil also über das, was jemand geleistet hat.

- Leistung als Prozess, bei dem jemand mit Arbeit etwas erreicht. Er „vollbringt eine Leistung“. Auch dieser Prozess unterliegt einer Bewertungsmöglichkeit: Ist der Prozess gut oder schlecht?

Im wirtschaftlichen Sprachgebrauch ist Leistung der zielgerichtete und produktive Einsatz von personellen, materiellen und/oder immateriellen Produktionsfaktoren sowie deren Kombination.

Was dabei deutlich wird: Es gibt – zumindest sprachlich – keinen Unterschied zwischen der Leistung, die eine Maschine, ein Auto oder ein elektrisches Gerät vollbringt, und der menschlichen Leistung. Immer hat es mit Arbeit zu tun, mit „Etwas erreichen wollen“ und mit einer Bewertung der Qualität der erbrachten Leistung.

Einen Unterschied sollte es aber geben, denn die Leistung eines Menschen ist – anders als bei einer Maschine – Schwankungen unterworfen: Jüngere sind häufig leistungsfähiger als Ältere, Männer können in der Regel schwerere Lasten heben als Frauen, und jeder ist auch nicht jeden Tag gleich gut drauf, um jeden Tag zu jeder Zeit das volle Maximum seiner Leistungsfähigkeit abzurufen.

Das sollte er aber, denn der Leistungsanspruch, der in der heutigen Arbeitswelt gestellt wird, ist enorm. Früher haben wir in der technischen Isolierung so kalkuliert, dass ein Mitarbeiter 30 Quadratmeter am Tag schaffen sollte. Heute sind es 45 Quadratmeter – weil der erzielbare Preis nicht entsprechend gestiegen ist. Aber: Trotz der Leistungserhöhung von 50 % ist das Pensum heute zu schaffen.

Doch woher kommt dieser Leistungsanspruch, dieses Leistungsdenken, das in vielen Fällen in wahren Leistungsdruck übergeht?

Die Herausforderungen für Unternehmen werden immer größer. Alles muss schneller gehen, perfekter sein – hier und jetzt und sofort. Fast fühlt man sich an die Sportlerdevise „Höher, schneller, weiter" erinnert. Und genauso wie die Sportler alles geben, um dieses Ziel zu erreichen (und dabei manchmal auch zu unerlaubten Mitteln greifen), müssen heutzutage auch Unternehmer alles geben, um überhaupt noch dabei sein zu dürfen. Um Siege, Rekorde und Bestzeiten geht es dabei nicht unbedingt. Doch auch die Unternehmen müssen ihre Leistung bringen. Sie müssen heute schneller reagieren. Wo früher zumindest der Postweg zwischen Auftrag, Auftragsbestätigung und Auslieferung für ein paar Tage „Verzögerung" sorgte, sind solche Sachen heute per E-Mail binnen weniger Sekunden erledigt.

Wenn also alle Unternehmen zu dieser Leistung gezwungen werden, muss auch jeder jederzeit die maximale Leistung erbringen. Nur dann ist die Bewertung gut, nur dann gilt man etwas in der Gesellschaft. Nur dann bringt man die Leistung, die erwartet wird.

„Wir müssen endlich aufhören, Arbeitnehmer für Zeit zu bezahlen, und stattdessen Leistung honorieren." «

(Heinz Fischer, Europa-Chef-Administration, Hewlett-Packard)

1.3 Werte

Alles hat irgendwie einen Wert. Für viele Dinge hat die Menschheit das definiert, es gibt dafür einen Preis. Beispielweise für Gold, für Rohstoffe, aber auch für die vielen Dinge des täglichen Bedarfs. Natürlich ist jeder dieser Werte auch Veränderungen unterworfen. Preise ändern sich, aber auch Bedürfnisse. Produkte sind wichtig, aber irgendwann werden sie nicht mehr gebraucht. Wie viel Geld haben Unternehmen früher in Dampfmaschinen zur Erzeugung von Energie gesteckt? Heute brauchen sie sie nicht mehr. Wie viele von uns haben noch einen Kassettenrekorder oder einen VHS-Videorekorder aus der Kindheit zu Hause? Aber längst gibt es keine Kassetten mehr ...

„Willst du dich deines Wertes freuen, so musst der Welt du Wert verleihen." «

(Johann Wolfgang von Goethe [1749 – 1832])

Neben den materiellen Dingen gibt es aber auch die ideellen Werte. Solche Wertvorstellungen oder kurz Werte bezeichnen im allgemeinen Sprachgebrauch erstrebenswert oder moralisch als gut betrachtete Eigenschaften bzw. Qualitäten. Treffen wir auf Basis dieser Werte eine Entscheidung, so spricht man von einer Wertentscheidung. Aus der Gesamtheit der Werte und der Wertentscheidungen entsteht ein Wertesystem. Dazu gehört das, was uns ganz persönlich wichtig ist, aber auch die Dinge und Wertvorstellungen, auf denen unsere Gesellschaft aufgebaut sind und die notwendig sind, damit unser gesellschaftliches Zusammenleben funktionieren kann, gehören dazu.

In der christlichen Welt sind das wohl die Zehn Gebote, die über allem stehen und die gemeinsame Wertegemeinschaft definieren. „Du sollst nicht töten", „Du sollst nicht stehlen" ... Alles Weitere regeln dann Gesetze, angefangen vom Grundgesetz über einzelne Gesetze zu bestimmten Themen bis hin zu Verordnungen und Satzungen auf kommunaler Ebene. Das alles ist wichtig, damit wir alle wissen, was wir dürfen und was nicht.

Aber natürlich hat auch jeder von uns seine ganz eigenen Wertvorstellungen – sicherlich geprägt vom Elternhaus und dem persönlichen Umfeld. Was ist mir persönlich wichtig? Ein großes Auto? Ein großes Haus? Gesundheit? Vermögen? Glück?

Jeder von uns tickt hier etwas anders, jeder hat andere Werte und Definitionen – und er trägt das auch in sein Unternehmen und seine Umwelt hinein. Das macht das Zusammenleben nicht immer einfach, denn nur wenn wir unter den gleichen Werten agieren, ziehen wir an einem Strang auch in die gleiche Richtung. Stellen Sie sich vor, für Ihren Partner ist es extrem wichtig, ein großes Haus zu haben. Für Sie ist aber die Gesundheit der wichtigste Wert. Manchmal kann es schwer sein, so unterschiedliche Interessen und Wertvorstellungen unter einen Hut zu bringen. So bastelt sich jeder von uns seine eigenen Wertvorstellungen, sein eigenes „Universum", in dem er sich wohlfühlt und das so ist, wie er es gerne hätte. Dass auch dieses Universum Veränderungen unterworfen ist, ist dabei selbstverständlich. Mal kommen sie von außen, weil sich die Rahmenbedingungen oder die gesellschaftlichen Einflüsse verändern, mal ändert sich aber auch die eigene Lebenseinstellung – das, was einem wichtig ist, die Werte, die maßgeblich sind.

So ist es übrigens auch in der Arbeitswelt. Natürlich haben auch hier Arbeitgeber und Arbeitnehmer unterschiedliche Wertvorstellungen. Der eine möchte, dass seine Mitarbeiter möglichst lange und möglichst effizient arbeiten, der andere möchte einen sicheren Job und ein gutes Gehalt. Dass diese unterschiedlichen Wertvorstellungen zu Meinungsverschiedenheiten und Diskussionen führen, können wir tagtäglich in unseren Unternehmen beobachten.

Doch auch hier setzt ein Wandel ein. Während für viele junge Menschen inzwischen die Freizeit und die sogenannte „work life balance" wichtiger sind als Geld und Erfolg, haben auch die Unternehmen erkannt, dass sie mit den Methoden des 19. Jahrhunderts ihre Mitarbeiter nicht mehr begeistern können und damit sicherlich keine neuen Mitarbeiter mehr finden werden. Deshalb bieten die ersten Unternehmen beispielsweise Entspannungsseminare an, schicken ihre Mitarbeiter zum Yoga oder veranstalten Seminare zur Meditation. Achtsamkeit heißt die Antwort auf Leistungsdruck und Burn-out. „Time is money" ist out – die neue Formel für ein wertvolles Leben lautet „Time is life".

Die Herausforderung ist, sich auf diesen Wertewandel einzustellen. Denn die Unternehmenskultur kann in Zukunft nicht mehr vom Monolog geprägt sein, sondern von konstruktivem Dialog. Es gilt, ein gemeinsames, von allen getragenes System zu entwickeln – eine gemeinsame Wertebasis, mit der das Zusammenspiel funktioniert.

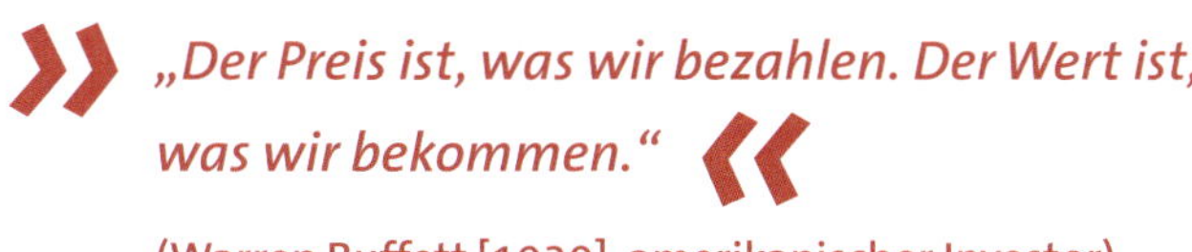

„Der Preis ist, was wir bezahlen. Der Wert ist, was wir bekommen."

(Warren Buffett [1930], amerikanischer Investor)

1.4 Digitalisierung

„Alles wird digital." Eine pauschale Aussage. Und alle reden über Industrie 4.0, über das Internet der Dinge, über Vernetzung und Verkabelung. Die Digitalisierung ist in vollem Gange und hat jeden von uns schon erreicht. Den einen mehr, den anderen weniger. Aber Fakt ist: Sie betrifft uns alle und sorgt für einen tiefgreifenden Wandel in jedem Lebensbereich. Ich möchte sogar so weit gehen zu behaupten, dass die häufig verwendete Maslow'sche Bedürfnispyramide in unserer Zeit noch um zwei ganz wesentliche Elemente erweitert werden muss: Netzverbindung und Akkuleistung. In der Tat: Viele „Digital Natives", wie man die Generation der jungen Menschen, die mit dem Internet aufgewachsen sind, nennt, wären ohne Internetverbindung und Smartphone verloren, wissen sie doch manchmal nicht einmal ihre eigene Telefonnummer.

Wie bei allen Innovationen und Veränderungen: Es gibt Chancen und Risiken!

Was dürfen wir erwarten? Das Bundeswirtschaftsministerium spricht von „großen Chancen für mehr Lebensqualität, revolutionären Geschäftsmodellen und effizienterem Wirtschaften".

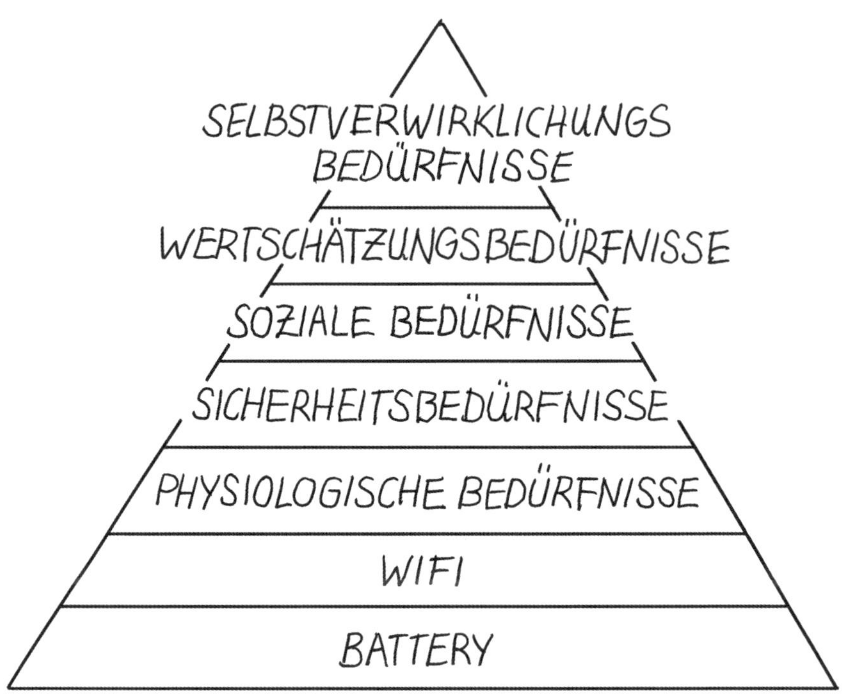

Und in der Tat: Geräte und Maschinen – vom Kühlschrank bis zum Industrieroboter, der Zahnbürste bis zum Auto – werden über das Internet vernetzt. Schon heute sind über 20 Milliarden Geräte und Maschinen verbunden – bis 2030 werden es rund eine halbe Billion sein. Wer in Zukunft vorne dabei sein will, muss diesen Weg mitgehen, sonst wird er von der Entwicklung abgehängt. Schon heute werden beispielsweise Pläne von Bauprojekten gar nicht mehr ausgedruckt, sondern nur noch digital erstellt und an die beteiligten Betriebe versendet. Schon heute werden Daten in der „Cloud" gespeichert und sind von Mitarbeitern auch in den letzten Winkel der Welt jederzeit verfügbar.

Genauso wie sich die Geräte und Maschinen vernetzen, werden auch wir Menschen immer vernetzter. Kommunikation wird immer und überall verfügbar sein – mit Geschwindigkeiten, die wir heute nur in einigen Bereichen erleben können. Das bedeutet aber auch: Jeder ist jederzeit erreichbar, verfügbar, ansprechbar. Standorte können bestimmt, Routen optimiert werden. Das führt dazu, dass die Reaktionszeiten immer kürzer werden. Jeder erwartet eine Antwort – möglichst schnell und möglichst fundiert.

Tatsache ist: Schon heute pflanzen Firmen ihren Mitarbeitern Chips unter die Haut, in denen die Arbeitszeit erfasst und die Zugangsberechtigungen auf dem Firmengelände geregelt werden. Welche Möglichkeiten das noch eröffnet, mag man sich gar nicht ausmalen. Schon bald werden Daten und Informationen direkt in die Brille eingespiegelt, werden Fahrzeuge ohne Fahrer auf unseren Straßen unterwegs sein (Stichwort „autonomes Fahren"), werden Maschinen aus ihren Fehlern lernen und sich automatisch so verbessern, dass ihre Ergebnisse noch besser sind und noch weniger Fehler beinhalten.

Dass die Menschen mit dem rapiden technischen Wandel nicht mehr Schritt halten können, ist verständlich und wird deutlich an der Zahl der Menschen, die sich dem galoppierenden technischen Fortschritt verweigern. Schon vor fast 200 Jahren, als die erste Eisenbahn mit etwas mehr als Schrittgeschwindigkeit von Nürnberg nach Fürth fuhr, gab es warnende Stimmen ob des Geschwindigkeitsrausches. Was würden diese Menschen wohl zur heutigen Daten- und Transportgeschwindigkeit sagen?

Die Antwort ist für viele klar: Sie verweigern sich dem – manche ganz, manche zeitweise, manche in Teilbereichen. So wie einige früher nicht in die Eisenbahn gestiegen wären, melden sich heute Menschen aus sozialen Netzwerken ab oder suchen Entspannung an Orten, wo eben mal kein Mobilfunknetz ist und nicht ständig der Pling-Ton einer eintreffenden Mail zu hören ist. „Digital Detox" heißt das Schlagwort für diejenigen, die sich für eine mehr oder weniger lange Zeit aus der digitalen Welt verabschieden.

Und auch die Politik kommt bei dieser rasanten Entwicklung nicht immer mit. Die Industrie wäre schon in der Lage, die ersten selbstfahrenden Autos auf die Straßen zu schicken, aber Fragen der Versicherung, der Haftung und der Ethik sind noch nicht einmal diskutiert, geschweige denn juristisch und gesetzlich geregelt.

Und natürlich sind es die Risiken: Eine vernetzte Welt ist gläsern, ist durchschaubar. Eine technologisierte Welt ist aber auch abhängig von der Funktionalität der Systeme. Ohne Strom geht nichts, aber auch ein Absturz der Datensysteme führt oft dazu, dass Kraftwerke abgeschaltet werden, Wasserversorgungen zusammenbrechen, Züge nicht mehr weiterfahren oder ganze Produktionslinien stillstehen. Im schlimmsten Fall könnte es so sein, dass wir nicht einmal mehr unsere eigene Wohnungstür öffnen können, weil uns das vernetzte Schließsystem nicht mehr erkennt.

Auch werden wir zum „gläsernen Menschen". Stichwort: Datensicherheit. Irgendein Hacker kann bestimmt bald erkennen, was sich in unseren Kühlschränken befindet – und das ist noch das harmloseste Beispiel, das einem in diesem Zusammenhang einfällt. Vernetzte Systeme können nicht zu 100 Prozent sicher sein, weil es zu viele Netzknoten, zu viele Zugriffsmöglichkeiten gibt. Und nicht erst durch den US-Whistleblower Eduard Snowden haben wir alle erfahren, was „Big Data" auch bedeuten kann.

Dennoch: Der Zug der Digitalisierung ist nicht mehr aufzuhalten. Jeder muss aber für sich selbst einen Weg finden, damit umzugehen. Wer bereit ist, seine Daten preiszugeben, muss auch den Preis dafür bezahlen. Wer es schafft, die neuen Möglichkeiten für sich und sein Unternehmen zu nutzen, wird aber davon profitieren.

Und er muss sein Unternehmen darauf einrichten, dass Digital Natives und Digital Immigrants nebeneinander arbeiten können. Die einen sind damit aufgewachsen und sehen die Digitalisierung als Selbstverständlichkeit, die anderen stehen allen digitalen Innovationen skeptisch bis ablehnend gegenüber und sehen durch notwendiges Lernen eine zusätzliche Belastung.

Fakten zur Digitalisierung

Internet- und Handy-Nutzer

- Internet-Nutzer weltweit 1995: 1 % der Weltbevölkerung
- Internet-Nutzer weltweit 2014: 41 % der Weltbevölkerung
- Handy-Nutzer weltweit 1995: 1 % der Weltbevölkerung
- Handy-Nutzer weltweit 2014: 73 % der Weltbevölkerung

(Quelle: Brand eins, Digitalisierung in Zahlen)

Facebook, Instagram und WhatsApp

- täglich aktive Facebook-Nutzer 2016: 1,04 Milliarden (25 % mehr als 2015)
- WhatsApp: 900 Millionen aktive Nutzer weltweit
- Facebook Messenger: 800 Millionen aktive Nutzer (monatlich)
- Instagram: 400 Millionen aktive Nutzer, 9 Millionen davon nutzen Instagram in Deutschland

(Quelle: http://allfacebook.de/toll/facebook-nutzerzahlen-2016)

YouTube

Im Dezember 2014 wurde durchschnittlich 300 Stunden Videomaterial pro Minute bei der Videoplattform YouTube hochgeladen. Im Juli 2015 waren es bereits 400 Stunden.

(Quelle: www.de.statista.com/statistik/daten/studie/207321/umfrage/upload-von-videomaterial-bei-youtube-pro-minute-zeitreihe)

Google

Entwicklung der Suchanfragen bei Google:

- 1999: eine Milliarde
- 2000: 14 Milliarden
- 2001 bis 2003: 55 Milliarden
- 2004 bis 2008: 73 Milliarden
- 2009: 365 Milliarden
- 2012 bis 2015: 1,2 Billionen
- 2016: 2 Billionen
- Aktuell verarbeitet Google ca. 64.000 Suchanfragen pro Sekunde.

(Quelle: www.onlinemarketing.de/news/google-offiziell-suchanfragen-billionen)

Twitter

Twitter hat monatlich 310 Millionen aktive Nutzer und insgesamt 1,3 Milliarden Accounts. Jeder User hat durchschnittlich 208 Follower, Katy Perry mit über 87 Millionen die meisten. Jeden Tag werden 500 Millionen Tweets versendet. Das sind 6000 Tweets pro Sekunde.

(Quelle: www.brandwatch.com/de/2016/06/44-twitter-statistiken-fuer-2016)

1.5 Burn-out

Burn-out ist ein Zeichen unserer Zeit, gekennzeichnet durch eine seelische wie körperliche Erschöpfung. Häufigste Ursache: Aufopferung für den Job unter Zurückstellung der eigenen Bedürfnisse. Aber nicht nur beruflicher Stress, sondern auch private Konflikte können als Ursachen von Burn-out gelten. Und auch wenn viele Manager und Unternehmer betroffen sind, wird Burn-out nicht als Berufskrankheit anerkannt.

Die Ursachen von Burn-out sind auch immer in der eigenen Persönlichkeit zu suchen. Genaue Zahlen liegen nicht vor. Laut einer vom Robert-Koch-Institut durchgeführten Studie leiden 11 % aller Bundesbürger unter chronischem Stress. Die Zahl der direkt von Burn-out Betroffenen wird auf etwa 5 % geschätzt. Statistisch gesehen sind Frauen häufiger von Burn-out betroffen als Männer. Das Risiko steigt dabei mit dem sozialen Status.

Unternehmer befinden sich in einem fortlaufenden Wettbewerb, Arbeitsausfälle oder sonstige Schwächen können sie sich nicht leisten. Der Job besitzt Priorität, die eigenen Ansprüche werden zurückgestellt, die Ansprüche der Familie vernachlässigt. Zeichen von Schwäche scheinen nur allzu menschlich, doch aus Angst, sich vor Geschäftspartnern und Mitarbeitern bloßzustellen, wird genau diese Schwäche zum größten Tabu. Hinzu kommt: Burn-out treibt viele Unternehmer in den wirtschaftlichen Ruin. Studien sprechen von Einbußen mehrerer Jahresgehälter bei Führungskräften. Hinzu kommt die menschliche Komponente, Beziehungen scheinen gefährdet, Familien bedroht.

Burn-out stammt aus dem Englischen und lässt sich mit „Ausbrennen“ wörtlich übersetzen. Ähnlich fühlte sich der Psychotherapeut Herbert Freudenberger, der in den 70er-Jahren in New York einer ehrenamtlichen Tätigkeit in einer Klinik nachging und dabei augenscheinlich an seine Grenzen geriet. Seine Erfahrungen hat der Mediziner im Jahre 1974 unter dem Titel „Staff Burn-out“ niedergeschrieben. In der Literatur tauchte der Begriff bereits ein Jahrzehnt früher auf. Graham Greene schrieb den Roman „A Burn-out Case“, welcher einen beruflich ausgebrannten Architekten, der sich im Dschungel Afrikas eine Auszeit nimmt, zum Helden hat.

Wissenschaftlich betrachtet wurde die Thematik im Amerika der 70er-Jahre auch von der Sozialpsychologin Christina Maslach von der Universität in Berkeley, Kalifornien. Diese definierte Burn-out erstmals als eine Reaktion auf chronisch gewordenen Stress im Berufsleben. Nach Maslach besitzt ein Burn-out drei zentrale Dimensionen:

- emotionale Erschöpfung durch fehlende Energie
- Depersonalisation als beruflichen Aspekt, unpersönliches, zynisches Verhalten gegenüber Kollegen und Klienten
- mangelnde persönliche Erfüllung, allgemeine Unzufriedenheit mit der persönlichen Leistung.

Trotz dieser Ansätze ist keine allgemein anerkannte Definition für den Begriff Burn-out anerkannt. In internationalen Diagnoserichtlinien steht der Begriff nicht für eine eigenständige Diagnose, er wird lediglich als eine Subkategorie genannt. Aufgrund dieser Tatsache würde theoretisch Burn-out für sich alleine die Einweisung in eine Klinik nicht rechtfertigen. Experten sehen Burn-out als Form einer Depression.

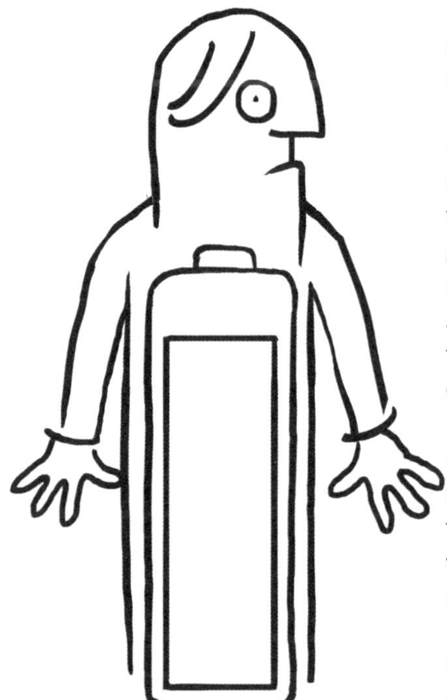

Die Ursachen von Burn-out sind noch nicht restlos geklärt. Es wird jedoch davon ausgegangen, dass es sich um eine Störung des Gehirnstoffwechsels handelt. Geraten die Botenstoffe Serotonin, Dopamin und Noradrenalin aus dem Gleichgewicht, hat das Auswirkungen auf die Bereiche, die im Gehirn für die Stresskontrolle verantwortlich sind. Eine gestörte Übertragung zwischen Nervenzellen führt mit der Zeit zu einer veränderten Wahrnehmung. Antriebslosigkeit oder Konzentrationsschwierigkeiten können die Folge sein, wenn die Konzentration der Botenstoffe zu gering ausfällt.

Burn-out ist das Ergebnis eines Prozesses, welcher über einen längeren Zeitraum andauert. Nicht selten folgen Jahre der Überarbeitung einem Punkt, wo nichts mehr zu gehen scheint und mehr und mehr Lebenskraft verloren geht.

Ein erhöhtes Burn-out-Risiko liegt vor, wenn die beruflichen Belastungen zunehmen, die Freizeit zum Arbeiten statt zum Erholen genutzt wird und die Sorge vor dem eigenen Versagen wächst. Hier gilt es, die Vorzeichen zu erkennen, denn wer sich gestresst und ausgebrannt fühlt, der leidet noch nicht zwangsläufig unter Burn-out.

Die Hauptursache für Burn-out ist Stress. Ein hohes Risiko besitzen all jene, die voll in ihrer Arbeitsrolle aufzugehen scheinen und sich nicht die nötige Distanz schaffen. Die Arbeit nimmt einen immer höheren Stellenwert ein. Freunde und Familie werden vernachlässigt, das Wochenende lieber am Schreibtisch verbracht. Welcher Unternehmer würde sich da nicht erkennen ...

Burn-out macht sich oft erst nach Jahren der Überanstrengung und Entbehrung bemerkbar. Die Grenzen sind fließend. Hochmotiviert, ehrgeizig und perfektionistisch zu sein kann umschlagen in Depression oder Aggression und Resignation. Etwa zu diesem Zeitpunkt kommt es zu ersten Symptomen, die sich in körperlichen Leiden äußern. Die Betroffenen sind erschöpft, schlafen schlecht, können sich nur schwer konzentrieren oder leiden unter Kopfschmerzen. Nicht selten kommt Alkohol ins Spiel, um den Zustand vermeintlich erträglicher zu machen.

Der Ausbruch von Burn-out wird daheim und am Arbeitsplatz durch eine Vielzahl an Faktoren begünstigt. Dazu zählen typische Stressindikatoren wie Arbeitsüberlastung und Zeitdruck. Als Unternehmer und Selbstständiger steckt man sich häufig hohe Ziele, die sich oftmals als unrealistisch herausstellen. Alleinunternehmer werden selten das gewünschte Feedback für ihre Arbeit erhalten. Ihre Aufgabe besteht darin, sich jeden Tag aufs Neue selbst zu loben und zu motivieren. Und: Die Grenze zwischen Job und Privatleben verschwimmt spätestens dann, wenn es auf die ständige Erreichbarkeit via Telefon oder Internet ankommt.

Die Auswirkungen sind fatal. Durch den Abbau des gesamten Leistungsvermögens sinken Motivation, Gedächtnisleistung und Konzentrationsfähigkeit. Es stellen sich körperliche Symptome unterschiedlicher Art ein, und dass mit dem Betroffenen etwas nicht stimmt, kann nicht mehr geleugnet werden. Probleme in Familie und Partnerschaft bleiben nicht aus. Im finalen Stadium klinkt sich die Seele aus – nichts geht mehr, der Akku ist leer.

Die Verzweiflung des Betroffenen kann so weit führen, dass er sich selbst therapieren möchte und daher leichtfertig zu Alkohol, Schlafmitteln oder Drogen greift. Starke Persönlichkeiten lassen sich nur selten und ungern helfen. Daher wird kaum ein Unternehmer in besagter Situation einen Arzt aufsuchen, auch und gerade dann, wenn er vielleicht sogar eine Ahnung hat, was hinter seinem Leiden steckt. Burn-out ist ein Modewort und nur gemacht für Schwache und Unfähige ...

Fakten zu Burnout

- 2011 wurden bundesweit 59,2 Mio. Arbeitsunfähigkeitstage aufgrund psychischer Erkrankungen registriert. Das ist ein Anstieg um mehr als 80 % in den letzten 15 Jahren.
- Bis zu 13 Mio. Arbeitnehmer in Deutschland sind nach Schätzungen von Gesundheitsexperten und Krankenkassen von Burn-out betroffen.
- Fast 10 Mio. Tage waren Erwerbstätige wegen Burn-out-Symptomen 2010 krankgeschrieben. Das heißt: Rund 40.000 Arbeitskräfte fehlten über das ganze Jahr im Büro oder an der Werkbank, weil sie sich ausgebrannt fühlten.
- Ein Burn-out verursacht nach Untersuchungen der Weltgesundheitsorganisation (WHO) im Schnitt 30,4 Krankheitstage pro Jahr.
- 20 % aller Erwerbstätigen erleben Burn-out-ähnliche Phasen. Das ist jeder Fünfte!
- Bereits jeder fünfte Arbeitnehmer leidet unter gesundheitlichen Stressfolgen – von Schlafstörungen bis zum Herzinfarkt.
- Jeder dritte Berufstätige arbeitet am Limit und fühlt sich stark erschöpft oder gar ausgebrannt.
- Fachleute beziffern die Produktionsausfallkosten und die verlorene Bruttowertschöpfung in Deutschland auf rund 71 Mrd. Euro.
- 41 % aller Neuzugänge zur Rente wegen verminderter Erwerbsfähigkeit waren auf psychische Störungen zurückzuführen.
- Psychische Belastungen sind damit inzwischen Ursache Nummer eins für Frühverrentungen. Das Durchschnittsalter lag bei 48,3 Jahren.

(Quelle: TK Gesundheitsreport & KKH-Allianz & WHO & Stressreport Deutschland 2012)

2. Die Unternehmer-Realität heute

Von Erwartungen und Leistungsdruck, Leitbildern und Überforderung

Als Unternehmer hat man es heute nicht einfach. Man ist gefangen in seinem Unternehmen – in einer Welt aus Erwartungen und Anforderungen, aus Herausforderungen und Druck. Das alles prasselt von so vielen Seiten auf einen ein, dass man manchmal gar nicht mehr weiß, wohin man sich zuerst wenden soll, um das eine oder andere Problem aus der Welt zu schaffen. Man fühlt sich wie ein Kindergärtner, der sich um alles und jeden kümmern muss. Als Chef muss man sich um alles kümmern – alles, bevor man sich um sich selbst kümmern kann.

Manchmal passieren zu viele Dinge gleichzeitig, und alles muss noch schnell erledigt werden – immer schneller, wie es scheint. Wer nicht innerhalb von ein paar Stunden auf eine Mail antwortet, gilt als unzuverlässig. Wer nicht spätestens beim zweiten Läuten den Hörer abnimmt – auch wenn er gerade mitten in einem Termin ist –, gilt als „nie erreichbar". Termine für Freizeit oder Urlaub trauen sich viele ja schon gar nicht mehr offi-

ziell mitzuteilen. Bei einem Kollegen sagt die Sekretärin immer, er sei auf Geschäftsreise, auch wenn er im Urlaub ist. Klingt besser, erfüllt die Erwartungen – es zeigt aber auch, wie weit wir schon gekommen sind: Man darf sich nicht einmal dazu bekennen, ein eigenes Leben außerhalb des Unternehmens zu führen.

Auch wenn es abgedroschen klingt, möchte ich an dieser Stelle auf das Wort „selbstständig“ eingehen. Gerade durch die Rechtschreibreform wurde noch einmal viel deutlicher, wie es sich zusammensetzt und was dieses Wort in seinem eigentlichen Sinn bedeutet: selbst und ständig.

Klar, als Unternehmer arbeitet man für sich selbst. Man kann sich seine Zeit frei einteilen, kann tun und lassen, was und wann man will. So zumindest die Traumwelt, so aber auch das Bild, das viele von einem Unternehmer haben. „Du bist doch selbstständig, du kannst doch arbeiten, wann du willst“, hört man oft von Freunden und Bekannten.

Dass beim Unternehmer heute aber die Betonung stärker auf dem zweiten Teil des Wortes „selbstständig“ liegt, weiß jeder, der ein eigenes Unternehmen hat. Ständig bedeutet: Immer für das Unternehmen da zu sein – und wenn nicht körperlich, dann doch geistig. Immer das Wohl des Unternehmens im Blick zu haben und dafür zu sorgen, dass genügend Arbeit und Aufträge da sind, damit es den Mitarbeitern und dem Unternehmen gut geht. Auch dann noch Leistung zu bringen, wenn man krank ist oder der Akku einfach leer ist.

Diesen Druck können sich viele Außenstehende, die als Arbeitnehmer in sicheren Jobs sitzen, regelmäßig Urlaub haben und bei Krankheit einfach bei vollem Lohnausgleich zu Hause bleiben, gar nicht vorstellen.

Klar, wir Unternehmer haben es uns ja auch so ausgesucht. Wir wollten es so. Wir wollten selbstständig sein, unabhängig, unsere Ideen und Träume in einem eigenen Unternehmen verwirklichen, wollten gestalten und bewirken. Selbst schuld also, wenn wir dann merken, dass es für diesen Traum auch Grenzen gibt. Doch woher kommen diese Grenzen? Was beeinflusst uns als Unternehmer heute? Woran liegt es, dass sich viele Unternehmer überarbeitet und gestresst fühlen?

2.1 Persönlichkeit

„Man muss schon aus einem besonderen Holz geschnitzt sein, um als Unternehmer tätig und erfolgreich zu sein!“ Das hat einmal ein Freund meines Vaters gesagt. Und der war selbst ein erfolgreicher Unternehmer – idealistisch und ein bisschen positiv verrückt.

Und in der Tat: Nicht jeder hat das Zeug dazu, als selbstständiger Unternehmer tätig zu sein. Man muss vor allem bereit sein, die Rolle anzunehmen, auszufüllen und in der Aufgabe zu funktionieren – und dabei ein Stück weit die eigene Person und Persönlichkeit zurückzustellen.

Es sind in der Tat eine Vielzahl von Voraussetzungen, die man mitbringen muss, um erfolgreich zu sein:

- **Motivation**
  Schaffe ich es, jeden Morgen aufzustehen und loszulegen? Klar, ich kann das. Ich habe die Motivation. Dazu brauche ich keinen, der hinter mir steht – und für manchen ist das ja auch nur gefühlt, wenn er in seinem „Nine-to-five-Job" die Karte in die Stechuhr steckt – und mir sagt, wann ich wo zu sein habe und was ich zu tun habe. Ich schaffe das alleine. Das kann nicht jeder. Manche brauchen diesen Tritt in den Hintern, jemanden, der sie antreibt. Eine Bekannte wollte sich unbedingt selbstständig machen, aus einem sicheren Job heraus. Sie ist gescheitert. Nicht, weil sie keine Ideen hatte oder weil sie nichts konnte. Nein, sie ist an ihrer eigenen Motivation gescheitert. Sie lag um 9 Uhr noch im Bett, anstatt schon die ersten Kundengespräche zu führen. Sie hat sich einfach nicht aufraffen und keine Motivation aufbringen können.

  Für mich ist übrigens die Selbst-Motivation einer der wichtigsten Bausteine für erfolgreiche Selbstständigkeit. Wer es schafft, jeden Tag voller Tatendrang loszulegen, kann das Maximale aus sich herausholen. Wer für das, was er tut, brennt, wird seine Visionen und Ziele erreichen. Denn er hat die Überzeugung, dass es ein Erfolg wird.

- **Selbstorganisation**
  Es gibt Menschen, die brauchen eine vorgegebene Struktur, einen Stundenplan. Für Unternehmer gibt es diese Stellenbeschreibung allerdings nicht. Da muss jeder selbst seine Rolle definieren, seinen eigenen Weg finden und sich selbst organisieren. Klar, das kann man bis zu einem gewissen Grad lernen. Aber die Zeiteinteilung ist die tägliche Herausforderung des Unternehmers. Welche Besprechung braucht wie viel Zeit, welche Zeit muss ich für welche Aufgabe einrechnen? Nur wer es schafft, diese Aufgaben ohne fremde Hilfe zu organisieren, hat das Zeug zum Unternehmer – oder er hat eine Assistenz, die ihm diese Aufgaben abnimmt. Aber ist das dann noch ein wirklich selbstständiger Unternehmer? Ich komme darauf zurück, wenn es um das Thema Fremdsteuerung geht.

- **Gesundheit**
  Als Unternehmer kann man auch nicht bei jedem Schnupfen gleich zu Hause bleiben. Als Unternehmer kann man sich nur schlecht Krankheiten leisten. Das benötigt eine gewisse Härte und Konsequenz, um diesen täglichen „Irrsinn" durchzustehen. Deshalb sind eine stabile Grundkonstitution und eine hohe Selbstdisziplin die Grundvoraussetzungen, um als selbstständiger Unternehmer erfolgreich zu sein. Allerdings: Die Gesundheit muss auch erhalten bleiben. Wer Raubbau an seiner Gesundheit betreibt, wird diese Bedingung irgendwann nicht mehr erfüllen können. Und um ganz ehrlich zu sein: Raubbau an der Gesundheit betreiben die meisten Selbstständigen. Krankheiten werden nicht auskuriert, Arzttermine verschoben und erst dann wahrgenommen, wenn es wirklich nicht mehr anders geht.

Gerücht oder Vermutung? Unternehmer werden immer im Urlaub oder am Wochenende krank? Statistisch ist das nicht bewiesen, aber: Wenn ich jedoch mit Gleichgesinnten spreche, sind die Erfahrungen durchaus deckungsgleich.

- **Leidensfähigkeit**
  Nicht immer läuft im Leben eines Unternehmers alles nach Plan. Projekte scheitern, Ergebnisse sind nicht so wie geplant – und viele Situationen sind nicht wirklich kontrollierbar oder beeinflussbar. Deshalb gehört eine gehörige Portion Leidensfähigkeit mit dazu, um als Unternehmer zu bestehen und Erfolg zu haben. Nur wer es schafft, den täglichen Druck auszuhalten und mit den täglichen Belastungen umzugehen, kann langfristig erfolgreich bestehen.

- **Umgang mit Druck**
  Abends ruft noch ein Kunde an und beschwert sich lautstark über Nichtigkeiten, die Planung für den nächsten Tag ist noch nicht fertig, und zu allem Überfluss hat sich auch noch der Steuerprüfer angekündigt: Alltag für einen Unternehmer. Wer auch dann noch ruhig und erholsam schlafen kann, hat das Zeug zum Unternehmer. Gerade in kleinen Unternehmen ist dieser Druck aber enorm. Immer mehr Aufgaben prasseln auf den Unternehmer ein, immer mehr Stolperfallen gibt es. Die Anforderungen werden immer höher – sowohl von den Behörden als auch von Mitarbeitern und Kunden. Das alles erzeugt ein Gefühl der permanenten Überforderung. Da hat man abends schnell einmal das Gefühl, irgendetwas vergessen zu haben. Und wehe, es war etwas wirklich Wichtiges.

  Hinzu kommt ein immenser Erwartungsdruck, der Druck, immer funktionieren zu müssen, immer eine Lösung parat zu haben. Denn als Unternehmer geht es darum, dass am Ende des Tages alle zufrieden sind – Kunden, Mitarbeiter, Kollegen, Familie. Schnell bekommt man das Gefühl, dass man ein Getriebener ist zwischen all den Anforderungen und Herausforderungen.

  Dabei haben Unternehmer selten ein Ventil, wo sie den Druck ablassen können. Explodieren ist keine Lösung, denn „wer schreit, hat unrecht". Wer Choleriker ist und sich für den persönlichen Druckabbau Opfer sucht, wird bei den Mitarbeitern keine Motivation erzeugen. Denn Druck erzeugt immer Gegendruck. Die Konsequenz für die meisten Unternehmer: Sie implodieren und fressen alles in sich hinein.

- **Einschätzung/Überschätzung**
  Keiner steht morgens auf ohne Plan. Aber ganz ehrlich: Die meisten Planungen machen wir unter Laborbedingungen, ohne Störungen von außen. Ohne Staus auf den Straßen, unvorhergesehene Probleme oder nervige Telefonanrufe. Genau das ist aber das Problem: Wir müssen planen, ohne in die Zukunft schauen zu können. Wir müssen unser Pensum erfüllen und meist sogar noch ein bisschen mehr machen: Hier noch ein Termin, hier noch ein Meeting, schnell noch mal telefonieren. Kein Wunder, dass viele Unternehmer ein hohes Punktekonto in Flensburg haben, weil sie immer der Zeit oder zumindest ihrer Planung nachlaufen ...

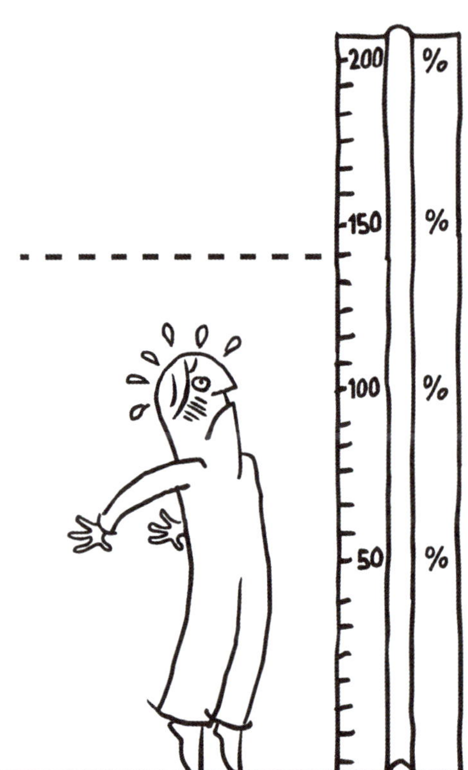

  Dabei stößt man dann oft an Grenzen. Und aus diesem Grenzgang entsteht Stress. Stress, weil man nicht alle Anforderungen erfüllen kann, Unzufriedenheit, weil man die eigenen, hohen Erwartungen nicht erfüllen kann. Das richtige Maß zu finden, ist dabei die Herausforderung.

  Denn insgeheim trauen wir uns zu selten, uns selbst und auch anderen gegenüber einzugestehen, dass wir an eine Grenze gestoßen sind. Diese Schallmauer wird meist mit einem noch höheren Kraft- und Energieeinsatz durchbrochen.

2.2 Umfeld

- **Rollenbilder und Rollenerwartungen**
  Was bin ich? Ehepartner, Versorger, Erzieher, Verwalter, Vater, Arbeitgeber, Kollege, Freund, Kumpel. Aber auch: Unternehmer, Experte, Vorbild, Steuerzahler, Fachmann ... Kurzum: ein Multitalent. Und in jeder Rolle muss man Erwartungen erfüllen, Höchstleistung bringen, Ergebnisse liefern, im Idealfall positive Ergebnisse. Aber wie kann man all diesen Rollen gerecht werden, den Rollen, die sich zum Teil widersprechen oder nur schwer unter einen Hut zu bringen sind? Das ist die tägliche Herausforderung, die schnell zu einer dauerhaften Gratwanderung wird. Spiele ich die eine Rolle intensiver,

leidet die andere. Konzentriere ich mich mehr aufs Unternehmen, fehlt Zeit für die Familie. Alle Bälle in der Luft zu halten ist kaum möglich. Meist stellt man als Unternehmer die eigenen Rollenerwartungen zurück, wirft eigene Ideen und Träume über Bord – und ist mittendrin im Dilemma, denn eigentlich sollen wir in der heutigen Zeit alle Rollen perfekt spielen, sollen immer Höchstleistung bringen – auch dann noch, wenn die Kinder am Abend mit uns spielen wollen ...

Das können wir übrigens nur tun, weil wir uns vor uns selbst „nicht" rechtfertigen, weil wir uns vor uns selbst auch nicht rechtfertigen und erklären müssen. Meist agieren wir unter dem Motto „Erst die anderen, dann ich". Deshalb stehen unsere eigenen Rollenerwartungen immer hinten an.

- **Fremdsteuerung**
  Wenn ich manchmal in meinen Terminkalender blicke, frage ich mich: „Wo bin ich eigentlich?" Auftraggeber sagen mir, wann ich wo zu sein habe, Termine werden von meiner Mitarbeiterin einfach in meinen Kalender eingetragen. Andere, fremde Menschen regeln meinen Tagesablauf – und wenn ich einmal selbst plane, dann mit Faktoren, die ich selbst gar nicht beeinflussen kann. Ich bin abhängig von der Verlässlichkeit und der Pünktlichkeit anderer, von deren Qualitätsanspruch an die eigene Leistung.

  Dabei will ich als Selbstständiger doch „selbst" entscheiden, was ich wann und wie mache. Das geht aber nicht, weil ich abhängig bin. Mein Umfeld steuert mich, ich bin getrieben von den Anforderungen anderer. Was dabei auf der Strecke bleibt? Die Zeit für „mich" selbst. Alles andere ist wichtiger, bevor meine persönlichen Bedürfnisse befriedigt werden. Das läuft meist unter dem Motto: Das mache ich, wenn ich dann mal dafür Zeit habe.

- **Verantwortung**
  Es ist schon ein ganz schöner Rucksack, den wir als Unternehmer mit uns herumtragen. Ein Rucksack voller Verantwortung für Mitarbeiter und Unternehmen, für Kunden und Lieferanten, für Familie und Freunde. Das bedeutet: immer und allen anderen gegenüber verlässlich zu sein, die Rollenerwartungen zu erfüllen und schlicht zu funktionieren.

  In allen Bereichen spielt man eine wichtige Rolle, muss „seine/n Mann/Frau stehen", wie es so schön heißt. Doch manchmal ist dieser Rucksack auch ganz schön schwer. Zu tragen hat man ihn in der Regel alleine, denn gerade wenn es eng wird, wenn Probleme auftauchen, sind die vielen kleinen Helferlein nicht selten verschwunden. Bei der Verantwortung steht man als Unternehmer immer ganz alleine da. Jeder dreht es so, dass er nicht schuld ist – und am Ende ist es der Chef, der den Kopf hinhalten muss.

2.3 Gesellschaft

- **Geschwindigkeit**
  Alles wird immer schneller. Fast hat man das Gefühl, die Erde würde sich immer schneller drehen. Das tut sie natürlich nicht. Doch Entwicklungszyklen werden immer kürzer, Arbeiten müssen immer schneller erledigt werden. Viele denken, dass der technische Fortschritt das möglich macht. Aber dem ist – gerade im Handwerk, wo der Faktor Mensch immer noch eine große Rolle spielt – eben nicht so! Qualität hat nicht nur ihren Preis, sondern braucht auch ihre Zeit. Doch die nimmt man sich oft nicht mehr. Baustellen werden so eng getaktet, dass der Zeitplan schon vom ersten Tag an nicht zu halten ist. Informationen werden immer schneller weitergegeben, sodass eine vernünftige Prüfung nicht mehr möglich ist. Und das alles muss bei ständig steigendem Bürokratismus und Dokumentationswahn erledigt werden. Man muss immer mehr schaffen in der gleichen Zeit, denn der Tag hat nicht mehr Stunden bekommen. Als Unternehmer muss man diese Herausforderung annehmen und sich darauf einstellen. „Die Schnellen fressen die Langsamen", heißt es immer. Leider ist das auch oft so.

- **Wettbewerb/Vergleichbarkeit**
  Vielleicht hatten es unsere Väter noch einfacher. Sie hatten als Unternehmer einen Vorsprung: Sie hatten das Know-how, sie wussten, wo es das Material gibt, wie man damit umgeht – und sie hatten die Mitarbeiter, die hoch qualifiziert waren, um mit dem Material umzugehen. Dieser Vorsprung ist geschwunden, beispielsweise im Handwerk: Bauanleitungen und Erklär-Videos findet der Laie/der Heimwerker im Internet, das Material gibt es im Baumarkt, die Maschinen kann man leihen. Wo ist da noch der Vorsprung? Auf diese neuen Herausforderungen muss man sich einstellen. Und wer glaubt, dass hiervon nur das Handwerk betroffen ist, liegt falsch. Auch in vielen ande-

ren Branchen, beispielsweise in der Rechtsberatung, bei Fotografen und – durch die Sharing Economy von heute mit Unternehmen wie Airbnb und Uber – auch bei Hotels und Taxiunternehmen entstehen neue Mitbewerber, die den etablierten Unternehmen mit ihren klassischen Strukturen das Wasser abgraben. Das Internet macht vieles transparenter und vergleichbarer. Das bringt neue Herausforderungen mit sich.

Gerade vor diesen Hintergründen ist immer wieder ein neues, verbessertes Verhältnis zu den Kunden notwendig. Es geht um Wertschätzung und um die Kunden, die die Leistung eines Unternehmers anerkennen. Wer seine Kundenbeziehungen auf ein neues Niveau bringt, umgeht Vergleichbarkeit, Preiskämpfe und schlechte Bewertungen im Internet.

- **Verbindlichkeit und Verlässlichkeit**
  Es gab Zeiten, da wurden Verträge per Handschlag geschlossen – heute haben Verträge auch für Kleinaufträge schon mal zehn und mehr Seiten. Wenn früher einer gesagt hat, dass es so ist und dass er das macht, dann hat man sich darauf verlassen können. Diese Werte sind in den letzten Jahren (leider) verloren gegangen. Verbindlichkeit ist für viele zum Fremdwort geworden. Die meisten schauen auf sich und ihren persönlichen Vorteil. Hauptsache, ich kann meinen Kopf aus der Schlinge ziehen.

  Dabei sind Verbindlichkeit und Verlässlichkeit für einen Unternehmer so wichtig. Verlässlichkeit, dass die Mitarbeiter pünktlich erscheinen und die geforderte Leistung auch abliefern. Verbindlichkeit der Zusagen, die Kollegen und Kunden machen. Verlässlichkeit, dass vereinbarte Zahlungen auch geleistet werden. Und bis hinein in die Politik, dass man sich auf Gesetze und Verordnungen auch verlassen kann. Dabei handelt es sich immer um eine Balance aus Hol- und Bringschuld – auch um Verlässlichkeit, die man einfordert, und Verbindlichkeit, die man ausstrahlt.

Ich möchte jetzt nicht, dass hier der Eindruck entsteht, früher sei alles besser gewesen. Keineswegs. Es ist nur so, dass Unternehmer heute mit einer Fülle von Aufgaben und Herausforderungen konfrontiert werden, die es früher noch gar nicht gab. Dass sie noch viel mehr Rollen spielen müssen. Dass sie ein anderes Rüstzeug mitbringen müssen, um langfristig erfolgreich zu sein. Und dass sie anders agieren müssen, um diesen Erfolg möglich zu machen. Immer Vollgas, immer am Limit, das geht auf Dauer nicht gut.

M
E
T
I
M
E

II. Die MeTime-Philosophie

1. Einführung

„Ich mache mir die Welt, widdewidde, wie sie mir gefällt." Das Lied von Astrid Lindgrens Pippi Langstrumpf hat mit Sicherheit jeder im Ohr. Natürlich geht es darin um die revolutionäre Gedankenwelt eines jungen Mädchens, die aus allen gesellschaftlichen Konventionen und Rollen ausbricht, sich ihre eigene Welt erschafft und nach ihren eigenen Regeln lebt. Ein Idealbild? Ein Traum?

Wäre nicht jeder von uns gerne ein bisschen so wie Pippi Langstrumpf? Würden wir nicht alle gerne unsere eigenen Regeln haben, uns die Welt so machen, wie sie uns gefällt? Unser Leben aktiv und bewusst steuern und beeinflussen? Die Antwort ist ja. Natürlich wollen wir alle das. Nur die meisten von uns tun es nicht. Wir alle sind getrieben von gesellschaftlichen Zwängen, sind im Hamsterrad von Herausforderungen und Anforderungen und im Korsett von Regeln und Konventionen. Das schnürt uns ein, macht uns unzufrieden und gefangen.

Natürlich können wir heute nicht ohne Regeln und Konventionen leben, können nicht „machen, was wir wollen". Wir sind bestimmten Zwängen unterworfen, müssen uns an Gesetze und Vorschriften halten und bei all unserem Handeln darauf achten, dass wir uns so verhalten, dass unsere Umwelt mit uns klarkommt – und umgekehrt.

Doch genau darin liegt das Problem: Je mehr wir uns an die Konventionen unserer Umwelt und der Gesellschaft anpassen, desto enger wird das Korsett, in das wir eingezwängt werden. Desto mehr werden wir eingeschnürt, gefesselt, eingeengt – bis hin zu dem Punkt, an dem wir nicht mehr frei entscheiden und unser Leben so gestalten können, wie wir es gerne möchten.

Deshalb möchte ich Sie einladen, ein kleines bisschen wie Pippi Langstrumpf zu sein. Nicht, dass Sie sich die Haare rot färben müssen. Nein, Sie sollen einfach nur die Welt um sich herum so gestalten, wie es für Sie am besten ist. Ich betone noch einmal: Für Sie!

Das ist genau der Punkt, an dem MeTime als ganzheitliches Konzept angesetzt: Bei Ihnen!

- **Ich definiere die Ziele!**
  Warum müssen bestimmte Dinge so sein? Warum sagen uns ständig andere Menschen, was wir tun und was wir lassen müssen?

  Ich übertreibe? Nein, denn es ist doch in der Praxis so: Vieles ist vorherbestimmt, von gesellschaftlichen Erwartungen vorgegeben. Wir streben nach immer mehr, immer höher, immer schneller, immer weiter. Mein neues Auto muss noch eine Nummer größer sein, sonst wird es als Misserfolg gewertet.

  Doch warum lassen Sie sich die Entscheidungen aus der Hand nehmen? Wenn Sie mit weniger Mitarbeitern und weniger Druck genauso erfolgreich sein können, sollten Sie das tun. Wenn Sie mit weniger Umsatz und auch mit weniger Gewinn zufrieden sein können, sollten Sie den Mut haben, auch diesen Weg zu gehen. Egal, was die anderen sagen.

  Sie alleine bestimmen die Ziele, die für Sie wichtig und maßgeblich sind. Dabei sind einzig und allein Ihre Überzeugungen und Ihre Werte entscheidend, welche Ziele Sie sich setzen. Und wenn Ihr Ziel ein entspanntes und selbstbestimmtes Leben ist, dann ist das Ihre Definition, Ihr Ziel.

- **Ich bestimme den Weg!**
  Manchmal gehe ich abends schon mit einem schlechten Gefühl nach Hause. Denn mein letzter Blick gilt meinem Terminkalender, der mir sagt, was ich am nächsten Tag zu tun habe und wo ich wann zu sein habe. Viele der Termine kann ich nicht einmal selbst bestimmen. Sie werden mir von anderen vorgegeben, werden manchmal sogar von meiner Sekretärin eingetragen. Es gibt Tage, an denen kann ich nichts selbst entscheiden, kann nicht sagen, wann ich wo sein möchte.

  Und dann kommen noch die vielen guten Ratschläge. Mein Banker sagt mir, wie und was ich am besten investieren soll, und er versucht, mir den Weg für die Führung meines Unternehmens vorzugeben. Oder es ist mein Steuerberater, der mir sagt, was ich wann erledigen muss und wie die Abrechnung und die Buchhaltung auszusehen haben. Oder es sind Kunden, die mir die Zeit rauben, weil sie nicht wissen, was sie wollen, oder nicht darauf vertrauen können, dass ich den besten Weg für sie wählen werde. Auch meine Familie fordert zu Recht ihre Zeit. Und manchmal sind es sogar die eigenen Mitarbeiter, die einem die Zeit rauben.

  Dabei sind Sie doch der Chef. Derjenige, der bestimmt und sagt, wo es langgeht. Der Entscheidungen trifft und die Richtung (aus)wählt. Dabei möchte ich doch selbst entscheiden, was ich bereit bin zu geben und zu akzeptieren, wo meine persönliche „Toleranz- bzw. Schmerzgrenze" ist.

Der selbst sagt, was er bereit ist zu geben und zu akzeptieren, wo seine persönliche „Schmerzgrenze“ ist.

Diese Rolle müssen Sie wieder übernehmen. Sie sind als Unternehmer der Anführer. Derjenige, der den Weg (aus)wählt. Nehmen Sie also das Ruder in die Hand!

- **Ich bestimme, was für mich wichtig ist!**
  Haben Sie schon einmal nachgedacht, was Ihnen wirklich wichtig ist? Geld? Gesundheit? Erfolg? Anerkennung? Und wie viele von diesen wichtigen Dingen wollen Sie wirklich selbst und aus tiefstem Herzen? Oder werden Ihnen diese Dinge vorgegeben?

  Sie alleine entscheiden, was für Sie wichtig ist. Wenn es Ihre Gesundheit ist, dann sollten Sie sich auch so verhalten, vielleicht weniger essen oder sich mehr Zeit für Sport nehmen. Wenn es geschäftlicher Erfolg ist, dann sollten Sie auch alles diesem Ziel unterordnen. Und wenn es eine Mischung ist – und das wird in den meisten Fällen der Fall sein –, dann müssen Sie einen Weg finden, die wichtigen Dinge so zu ordnen, dass sie miteinander kompatibel sind.

- **Ich definiere die Regeln!**
  Ich hatte einmal einen Mitarbeiter, der sich nicht in unser Unternehmen einfügen wollte. Er kam, wann er wollte, ging, wann ihm danach war, und auch bei mir stand er immer dann im Büro, wenn er eine Information haben wollte – und nicht, wenn ich für ihn Zeit hatte. Ja, dieser Mitarbeiter hatte sich die Welt so gebastelt, wie er es wollte. Und er hat erwartet, dass alle diesen Weg mitgehen und sich an seine Welt anpassen.

  Er ist mir auf der Nase herumgetanzt und hat mich Nerven und Zeit gekostet, weil seine Welt nicht mit meiner Welt kompatibel war. Als Unternehmer ist es aber Ihre Aufgabe, den Weg vorzugeben, die Regeln aufzustellen.

  Wer sich nicht daran hält, passt nicht ins Team, passt nicht in die Philosophie. Wer nicht bereit ist, diesen Weg zu gehen, – in die gleiche Richtung, mit der gleichen Geschwindigkeit und dem gleichen Engagement –, der muss das Unternehmen verlassen.

  Ich möchte und muss allerdings an dieser Stelle erwähnen, dass die von Ihnen als Unternehmer vorgegebenen Regeln auch so sein müssen, dass andere damit leben und arbeiten können. Und diese Regeln müssen klar kommuniziert werden. Nur wenn alle wissen, wie Sie ticken, welche Erwartungen Sie haben, welche Einstellung und welche Ziele Sie verfolgen, dann können alle auch diesen Weg mitgehen. Und je klarer Sie das formulieren, desto eher, stärker und intensiver können sich alle darauf einstellen und gemeinsam mit Ihnen an einem Strang ziehen.

2. MeTime ist eine Philosophie!

Sich in der heutigen Welt zu positionieren, seinen eigenen Weg zu Glück und Erfolg, zu Wohlbefinden und Gesundheit, aber auch zu Wohlstand und Zufriedenheit zu finden, ist nicht ganz einfach. Es funktioniert nicht, wenn Sie nur an einer Stellschraube drehen. Dafür ist das Leben zu komplex, und es gibt – gerade für einen Unternehmer – zu viele Aufgaben und Anforderungen, die berücksichtigt werden müssen.

Voraussetzung ist eine Reflexion auf das, was Ihnen wirklich wichtig ist. Welche Werte will ich leben, welche Vorbilder habe ich, welche Ziele will ich in meinem Leben erreichen? Diese Grundgedanken sollte sich eigentlich jeder von uns gemacht haben, doch die wenigsten haben es tatsächlich getan. Klare Ziele sind aber die Voraussetzung, um im Leben einen geraden Weg zu gehen.

Wer die Ziele gefunden hat, muss nun den einfachsten Weg finden, um diese zu erreichen. MeTime ist ein umfassender Ansatz, der die Steine auf diesem Weg aus dem Weg räumt und Ihnen hilft, Ihre persönlichen Ziele entspannt und erfolgreich zu erreichen. Ein Weg, der Ihnen ein paar Instrumente und Ideen an die Hand gibt, mit denen Sie sich und Ihr Umfeld strukturieren können. So strukturieren, dass Sie im Mittelpunkt stehen und das Spiel nach Ihren Regeln abläuft. MeTime ist aber auch eine Philosophie, die jeder für sich interpretieren kann, wie er das gerne möchte, wie es am besten zur eigenen Persönlichkeit und zum Umfeld passt. Denn eines ist klar: Alle anderen müssen diesen Weg mitgehen, müssen bestimmte Dinge akzeptieren und beachten, müssen auf Ihre Wünsche eingehen und sich nach Ihnen richten – oder gegebenenfalls auch ihre persönlichen Interessen ein Stück weit zurückstecken.

Es ist Ihr Leben, Ihr Unternehmen. Sie sind derjenige, der die Fäden in der Hand hält und entscheidet, in welche Richtung der Weg geht. Sie sind – und dieser Vergleich sei an dieser Stelle erlaubt – die Sonne, um die sich die Planeten drehen. Sie bestimmen die Anziehungskraft, denn Sie spenden auch Wärme und Licht. Sie sind derjenige, der das ganze Sonnensystem Ihres Unternehmens durch den Weltraum der Gesellschaft führt.
Und ganz klar: Sie sind nicht irgendein Planet in diesem Sonnensystem, der sich an die anderen anpassen muss, damit er nicht mit ihnen kollidiert.

MeTime ist der große Bruder vom Egoismus!

Machen Sie sich die Welt, so wie sie Ihnen gefällt! Nutzen Sie die Instrumente, die ich Ihnen auf den folgenden Seiten an die Hand geben möchte. Vieles wird Ihnen bekannt vorkommen, manches vielleicht noch nicht. Wichtig ist die Kombination, denn manchmal sind es Kleinigkeiten, die aus „viel Arbeit" nur noch „Stress" machen. Die aus „Anforderung" „Überforderung" werden lassen. Und die dafür sorgen, dass es irgendwann auf diesem Weg nicht mehr weitergeht.

MeTime ist aber auch eine Chance für ein Upgrade auf eine neue Ebene der Arbeit. In einer Welt, die sich extrem schnell verändert, ist es wichtig, den Werkzeugkasten immer mal wieder neu zu definieren, sich und sein Wirken neu zu definieren und zu justieren. Denn viele von uns haben den Rucksack des Wirkens noch unter ganz anderen Voraussetzungen gepackt. In den

Eingangskapiteln habe ich schon darüber gesprochen, wie sich Werte verändert haben, wie Geschwindigkeiten durch die Digitalisierung zugenommen haben und immer mehr Menschen überfordert sind. Auf diese neuen Bedingungen müssen Sie sich einstellen. Dazu brauchen Sie klare Strukturen und einen freien Kopf, um alle Herausforderungen zu bewältigen.

3. Drei Werkzeuge, die positiv wirken

3.1 Die 150er-Regel

Alles hat irgendwie eine Grenze, eine maximale Kapazität. Mehr geht nicht. Und alles, was darüber ist, ist eine Überlastung und führt zur Überforderung. So wie jedes Fahrzeug ein maximal zulässiges Gesamtgewicht hat, wie jede Maschine eine definierte maximale Leistungszahl hat, so ist es doch auch bei uns Menschen. Auch wir haben unsere Grenzen, kommen an Punkte, an denen Überlastung droht. Sowohl der menschliche Körper als auch Geist und Seele haben eine begrenzte Ressource. Hinzu kommt noch die zeitliche Komponente: Der Tag hat nun einmal nur 24 Stunden – und das kann keiner ändern.

Gerade Unternehmer sind in der gefährlichen Lage, dass sie immer noch „eins draufpacken". Noch ein Termin mit einem Kunden, noch ein Auftrag, noch ein Telefonat ... Jeder kennt das. Und jeder weiß, dass er damit Grenzen überschreitet.

Doch es ist ein Dilemma: Als Unternehmer will man keinen vor den Kopf stoßen, will es allen recht machen. Es könnte ja ein interessanter Kontakt oder ein wichtiges Telefonat sein. Es kann mir keiner erzählen, dass er mit seinen 800 Facebook-Freunden wirklich in Kontakt ist, dass er sie wirklich alle kennt, all ihre Nachrichten liest und verarbeitet, all ihre Gedanken aufnehmen, nachvollziehen, bewerten und für sich nutzen kann. Da rede ich noch gar nicht von dem vielen Müll, der über die sozialen Medien bislang verbreitet wird. Nein, es geht um die wichtigen und relevanten Informationen. Aber selbst mit denen sind wir bei dieser Menge doch schon überfordert ...

Deshalb: Beschränken Sie sich auf die 150-Mensch-Regel.

150 Beziehungen – das ist Ihr Universum. Und das ist schon jede Menge. Denn jeder dieser 150 Menschen – oder nennen Sie sie Partner, Kontakte oder wie auch immer – hat sein eigenes Universum. Und Sie können mit ihm nur klarkommen, wenn Sie sein Universum verstehen.

Erfahrungsgemäß tritt oberhalb dieser Grenze Überforderung ein. Mehr kann der Mensch nicht aufnehmen und verarbeiten. Für mehr kann der Mensch auch keine Empathie aufbringen. Gegenseitige Empathie ist aber die Voraussetzung dafür, dass man ins Universum des anderen eintauchen kann. Dies wiederum ist die Voraussetzung dafür, sich zu verstehen.

Stellen Sie sich das ein bisschen wie ein Sonnensystem vor. Sie sind die Sonne und werden von Planeten umkreist. Manche sind näher, andere weiter weg. Manche bekommen von Ihnen viel Energie, andere weniger. Aber auch die Zahl der Planeten, die sich um eine Sonne bewegen und von ihr Energie empfangen, ist begrenzt. In unserem Sonnensystem sind es gerade einmal acht – und, wenn man den entfernten Pluto dazurechnet, neun. Genau so, wie die Planeten um die Sonne kreisen, kreisen auch Ihre Beziehungen um Ihr Universum. Genau wie wir Menschen die Sonne verstehen wollen, wollen auch diese Menschen Sie verstehen.

Und natürlich wollen Sie sich auch um jeden dieser Planeten kümmern, ihm Energie geben und seine Umlaufbahn, seinen Weg, steuern.

Unser Himmel besteht aus einer unendlichen Zahl von Sonnensystemen. Alle sind anders, aber alle haben sie eines gemeinsam: Die Zahl der Planeten, die um eine Sonne kreisen, ist begrenzt.

3.2 Ich bin mir selbst der Wichtigste

Stellen Sie ruhig sich und Ihre Interessen in den Mittelpunkt. MeTime, das habe ich schon erwähnt, ist der große Bruder vom Egoismus. Deshalb sollte sich in Ihrem Universum alles um Sie drehen.

Bleiben wir in diesem Zusammenhang noch einmal beim Bild unseres Sonnensystems. Es reicht nicht, wenn Sie die Venus sind, die zwar nah an der Sonne ist und viel Energie abbekommt, Sie aber eine vorgegebene Bahn haben, von der Sie nicht abweichen können. Sie können nicht frei entscheiden. So übrigens auch nicht unsere Erde, die zu allem Überfluss auch noch einen Mond mit sich herumschleppt ...

Nein, Sie müssen sein wie die Sonne. Derjenige, der über sich selbst bestimmt, der im Mittelpunkt steht, der seine Interessen vertritt. Und der, der den anderen Energie gibt und zeigt, wo es langgeht.

Allerdings gibt es dafür eine Voraussetzung: Nur wenn es Ihnen gut geht, haben Sie auch die Kraft und Energie, anderen zu helfen, damit diese ihre Ziele erreichen. Wenn es also der Sonne gut geht, kann sie ihre Energie an die anderen abgeben. Geht das Feuer der Sonne aus, wird es im ganzen Sonnensystem dunkel.

Natürlich soll es jetzt nicht so sein, dass alle nach Ihrer Pfeife tanzen und Sie all Ihre Energie an die anderen abgeben müssen. Es geht in diesem Bild mehr darum, wer im Mittelpunkt steht, um wen sich alles dreht und wer den Weg vorgibt. Und wenn Sie entspannt und erfolgreich sein wollen, müssen Sie im Mittelpunkt stehen. Wer das nicht akzeptiert, der fliegt raus aus Ihrem Universum. Und um scherzhaft im Bild des Sonnensystems zu bleiben: Der muss sich eine andere Sonne in einem anderen Universum suchen. Und lassen Sie auch nur die Menschen in Ihr Universum, die auch Ihre Regeln akzeptieren.

3.3 Ich baue mir die Welt, wie sie mir gefällt

Sie haben die Zahl der Kontakt in Ihrem Universum begrenzt und klar definiert, wer dabei im Mittelpunkt steht – jetzt geht es um den dritten und entscheidenden Schritt: Sie gestalten, Sie bestimmen den Weg.

Was nützt es, wenn Sie die Sonne sind, aber alle anderen sagen, wo es langgeht, wie viel Energie Sie abzugeben haben – kurz, wie die Spielregeln sind. Das muss in Ihrer Hand liegen. Sie bauen sich Ihre Welt so, wie sie Ihnen gefällt. Nur das, was zu Ihrer Philosophie passt, bekommt einen Platz in Ihrem Universum. Nur wer bereit ist, nach Ihren Regeln zu spielen, darf „mitspielen".

Die Folgen sind klar: Fremdsteuerung und Leistungsdruck, über den ich in der heutigen Unternehmer-Situation schon gesprochen habe, werden weniger. Denn Sie definieren, wo es langgeht und was von Ihnen verlangt wird. Sie entscheiden, wann und wo Sie sein müssen.

4. Drei Gefahren im Umfeld

Jeder Unternehmer ist von täglichen Gefahren umgeben. Damit meine ich ausnahmsweise einmal nicht die Steuerfahnder oder die Zollprüfer, auch wenn die zu einer echten Gefahr werden können. Nein, es sind die kleinen Plagegeister, die für Stress sorgen und die man sich am liebsten vom Hals halten will. Wer in Zukunft entspannt arbeiten will, sollte diese Punkte kennen und später auch lernen, mit ihnen umzugehen.

4.1 Zeitdiebe

Wir alle kennen diese Menschen, die Zeit kosten. Die einem förmlich die Zeit rauben. Ich habe schon erwähnt, dass die Zeit unser kostbarstes Gut ist, weil man sie nicht vervielfältigen kann, sie auch nicht wiederholen oder zurückdrehen kann. Zeit, die vergangen ist, ist weg.

Doch im Alltag sind wir umgeben von Zeitdieben. Die Menschen, die uns berauben: Der Mitarbeiter, der immer zu spät zum Meeting kommt. Der Kunde, der mit seinem Anliegen nicht auf den Punkt kommt. Der Bekannte, der einem auf der Straße ein Gespräch aufdrängt. Oder manchmal nur der Autofahrer, der viel zu langsam unterwegs ist. Manchmal hat man das Gefühl, von diesen Zeitdieben förmlich aufgefressen zu werden.

Sie sorgen dafür, dass einem am Ende des Tages das fehlt, was man sich nicht zurückholen kann: Zeit. Und fehlende Zeit sorgt für Stress und führt zu Entscheidungen, die nicht richtig durchdacht sind, vielleicht sogar zu Fehlentscheidungen, die in der Konsequenz Geld kosten – was dann in der Folge zu noch mehr Stress führt.

Zeitdiebe sind also immer ein Problem, wobei man davor nicht kapitulieren darf. Im Wort „Problem" steckt ja auch die Silbe „pro", übersetzt „für". Es steckt auch immer eine Chance darin, ein „pro", das man nur richtig angehen muss. Um die Zeitdiebe besser einschätzen und einordnen zu können und Strategien gegen sie zu entwickeln, sollte man jeden Zeitdieb einer der vier Kategorien zuordnen:

- Menschlich: Wie agieren die Menschen/Mitarbeiter oder Kunden in meinem Umfeld? Wie läuft die Kommunikation, die Zusammenarbeit?
- Sachlich/technisch: Setzen wir die richtigen Mittel und Werkzeuge ein? Ist unser Know-how auf dem aktuellen Stand?
- Organisatorisch: Sind die Abläufe koordiniert und die Schnittstellen definiert? Weiß jeder, was er zu tun hat? Gibt es Regeln und Verantwortlichkeiten?
- Unvorhergesehen: Es gibt ein paar Dinge im Alltag, gegen die es keine Planung gibt: Ein Stau, ein Unfall, ein plötzlich auftretendes Problem.

Im weiteren Verlauf finden Sie Tipps und Strategien, wie Sie mit den einzelnen Bereichen so umgehen können, dass Ihnen keiner mehr etwas von Ihrer wertvollen Zeit raubt.

Klassifizierung der Zeitdiebe/Beispiele

Menschlich	Sachlich	Organisatorisch	Unvorhergesehen
▪ Mitarbeiter	▪ Werkzeug	▪ Koordination	▪ Unfälle
▪ Kunden	▪ Material	▪ Schnittstellen	▪ Pannen
▪ Vertreter	▪ Know-how	▪ Abläufe	▪ Notfälle
▪ Lieferanten		▪ Informationsfluss	▪ Terminabsagen
▪ Behörden			
▪ Bekannte			
▪ Freunde			
▪ Familie			
▪ Kollegen			

4.2 Fremdsteuerung

Wer bin ich und wo bin ich? Manchmal stelle ich mir diese Frage – und das nicht nach einer durchzechten Nacht. Vielmehr geht es darum, dass ich nicht mehr selbst entscheiden kann, weil ich von anderen Kräften „gesteuert" werde.

Meine Assistentin vereinbart Termine, von denen ich erst erfahre, wenn sie stattfinden. Kunden geben die Termine vor, wann und wo das Meeting stattfindet. Da kann ich gar nichts mehr entscheiden. Ich kann nur noch funktionieren.

Und die Fremdsteuerung geht sogar noch viel weiter. Durch Gesetze, Vorschriften und Verordnungen wird die unternehmerische Freiheit noch weiter eingegrenzt. Viele Entscheidungen kann man gar nicht selbst treffen, weil schon vorgegeben ist, wie eine Sache zu behandeln ist. Für Kreativität und Unternehmergeist bleibt da kaum noch Raum.

4.3 Werte

Werte sind ein ganz wichtiges Thema in der heutigen Zeit. Nur wer klare Werte vorgibt, kann mit seiner Umwelt klarkommen. Werte vorgeben und sie selbst leben ist ein ganz wichtiger Baustein, an dem viele Unternehmer heute scheitern.

Die Werte sind sicherlich das, was wir selbst in der Vergangenheit erlebt haben, was uns gelehrt und uns vorgelebt wurde. Und in vielerlei Hinsicht verhalten wir uns auch so. Aus diesem Muster können wir nicht ausbrechen.

Drei entscheidende Werte sind für eine konstruktive und entspannte Zusammenarbeit mit Mitarbeitern, Kunden und Lieferanten wichtig:

- Verbindlichkeit,
- Verantwortung,
- Vertrauen.

Diese drei Werte sind von großer Bedeutung, denn auf ihnen baut MeTime auf. Allerdings gehen diese Werte immer mehr verloren. Eine Verbindlichkeit von Zusagen ist – gerade in den jüngeren Generationen – nicht mehr angesagt. Man entscheidet lieber spontan und bleibt flexibel. Verantwortung will sowieso schon lange keiner mehr übernehmen. Vielmehr geht es nur noch darum, seinen eigenen Kopf aus der Schlinge zu ziehen. Und Vertrauen zu haben bzw. zu vermitteln ist in Zeiten von Fake News und gezielter Desinformation, aber auch von fehlender Verbindlichkeit und Verlässlichkeit mindestens genauso schwierig.

Es muss allerdings auch Klarheit darüber bestehen, wie diese Werte interpretiert und gelebt werden, um Missverständnissen vorzubeugen. Dabei ist die Kenntnis über die Werte und ihre Interpretation mindestens genauso wichtig wie das Vorleben.

5. Drei Werkzeuge für Selbstmanagement

Zeitmanagement oder Selbstmanagement?

Immer wieder fällt im Zusammenhang mit Management und Organisation der Begriff des Zeitmanagements. Dabei ist dieser Begriff eigentlich ziemlicher Blödsinn, denn: Die Zeit vergeht ohne Rücksicht darauf, ob man sich mit ihr beschäftigt, sie sogar managt oder ob man nur faul herumliegt und die Zeit vergehen lässt.

Für jeden Menschen auf der Welt hat der Tag 24 Stunden, 1440 Minuten und 86.400 Sekunden. Jedem Menschen steht in dieser Zeit aber auch nur ein begrenztes Zeitbudget zur Verfügung, denn eine bestimmte Zeit wird schon für die folgenden Punkte benötigt:

- Schlafen: Eine Mindestschlafdauer zum langfristigen Erhalt der Gesundheit sollte eingehalten werden.
- Nahrungsaufnahme: Auch wenn wir oft denken, das nebenbei am Schreibtisch erledigen zu können – gesund ist das nicht!
- Körperpflege: Ja, auch wenn wir es nicht wahrhaben wollen: Der Gang zur Toilette, das Waschen kostet auch Zeit ...

Wer glaubt, die restliche Zeit mit Arbeit verbringen zu können, liegt falsch, denn jeder von uns hat auch noch soziale Aufgaben, für die er Zeit benötigt – für die Familie, für das

Umfeld, für die Gesellschaft. Und Freizeit sollte auch noch sein, denn der Körper braucht Ruhe- und Erholungsphasen.

Was bleibt also? Die Zeit kann man nicht managen. Das Einzige, was man managen kann, ist sich selbst. Optimales Zeitmanagement sollte also eigentlich gutes Selbstmanagement sein. Und genau darin liegt einer der Schlüssel für effektives Arbeiten und mehr Lebensqualität, einer der Schlüssel zu MeTime.

Konkret umfasst Selbstmanagement die folgenden Punkte:

- sich selbst besser zu organisieren,
- sich schon morgens einen Überblick zu verschaffen,
- seine Aufgaben zu planen,
- seine Aufgaben zu priorisieren und
- natürlich motiviert zu bleiben.

Warum ist das nötig? Weil Sie bessere Entscheidungen treffen müssen. Wir treffen täglich etwa 20.000 Entscheidungen – die meisten innerhalb von Sekunden und viele auch unbewusst. Einige Wissenschaftler sagen, dass wir am Tag 2000 bewusste unternehmerische Entscheidungen treffen. Ganz schön viel, denn eines ist klar: Jede falsche Entscheidung kostet Geld. Kritisch wird es erst, wenn wir unter Zeitdruck geraten oder mehrere Entscheidungen gleichzeitig treffen müssen. Denn dann steigt die Fehlerquote der Entscheidungen, über deren Folgen wir uns alle im Klaren sind.

Für erfolgreiches Selbstmanagement gibt es mehrere Ansätze, die ich im Folgenden aufzeigen möchte. Wichtig dabei: Jeder muss sich die Methode aussuchen, die für ihn am besten geeignet ist. Denn eine der Grundvoraussetzungen ist, dass man sich selbst gut einschätzen kann: Welcher Typ bin ich? Wie ticke ich? Was ist mir wirklich wichtig?

5.1 Methode 1: Das Eisenhower-Prinzip

Es gibt diese Tage, da kommt alles zusammen. Alles passiert gleichzeitig, und die Welt scheint zusammenzubrechen. Da fällt es schwer, den Durchblick zu behalten und immer die richtigen Entscheidungen zu treffen. Denn gerade die weniger wichtigen Aufgaben sind oft die, die die meiste Zeit verbrauchen.

Deshalb gilt: **Setzen Sie Prioritäten!**

Dwight D. Eisenhower, Präsident der Vereinigten Staaten, hatte eine todsichere Methode, um in all dem Chaos, das dieses Amt mit sich bringt, den Durchblick zu behalten. Er ordnete alle Aufgaben in vier Kategorien ein.

- Kategorie A:
  Wichtig und dringlich: Aufgaben, die sehr dringend und wichtig waren, die er also nicht an jemanden anderen delegieren konnte und die noch dazu sofort erledigt werden mussten, erledigte er selbst.

- Kategorie B:
  Dringlich, aber nicht wichtig: Hier entschied er, ob er diese zur sofortigen Erledigung an seinen Assistenten weitergab oder ob er sie selbst schnell erledigen musste.

- Kategorie C:
  Wichtig, aber nicht dringlich: Dahinein packte er alle Aufgaben, die nicht dringend, aber wichtig waren. Diese schob er auf den Nachmittag, wenn er Zeit haben würde.

- Kategorie D:
  Weder wichtig noch dringlich: Alles, was in dieser Kategorie landete, war weder wichtig noch dringend – und landete kurzerhand im Papierkorb.

Einschränkend muss man hier allerdings anmerken, dass die Frage offen bleibt, wie man für sich selbst eigentlich „wichtig" und „dringlich" definiert. Dabei hilft das Eisenhower-Prinzip nämlich nicht. Man muss bei der Einschätzung dieses Prinzips zudem berücksichtigen, dass Eisenhower Oberbefehlshaber der Alliierten im Zweiten Weltkrieg war und im militärischen Kontext eine derartige Priorisierung sicherlich sinnvoll und hilfreich sein kann.

Mir selbst hat diese Methode geholfen, Aufgaben klarer zu strukturieren und eine Basis zu haben, um einen Plan zu erstellen. Dabei ist die Definition von „wichtig" und „dringlich" natürlich ein Kunstgriff, um überhaupt eine Entscheidungsgrundlage zu haben. Aber die Einteilung in diese zwei Kategorien ist allemal besser als vor einem Berg von Aufgaben zu stehen und weder einen Anfang noch eine Struktur zu finden.

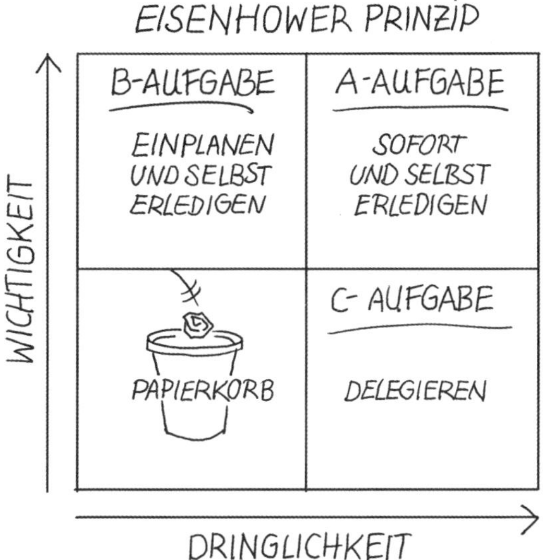

Ich komme später noch auf die To-do-Listen und „Häkchen in Kästchen" zur Sprache. Das ist auch eine Art Priorisierung. Und auch da kann man unterscheiden, was „wichtig" und was „dringlich" ist. Entscheidend ist aber, dass man die Aufgaben definiert. Alles, was nicht auf die Liste kommt, wird auch nicht gemacht. Das reduziert die Ablenkung und schafft Konzentration auf die Aufgaben, die entscheidend für den eigenen Erfolg sind.

5.2 Methode 2: SMART

Die fünf Buchstaben stehen für

- **S**pezifisch
- **M**essbar
- **A**ttraktiv
- **R**ealistisch
- **T**erminiert

Die SMART-Methode hilft dabei, **Ziele richtig zu setzen,** um ein genaues Bild des gewünschten Ergebnisses vor Augen zu haben, und alle Aufgaben und die volle Konzentration auf die Erreichung der Ziele zu setzen. Das ist wichtig, denn das Erreichen eines Zieles ist ein Erfolg – und Erfolg bedeutet Belohnung.

- **Spezifisch**
  Verallgemeinerungen und Unklarheiten sind die natürlichen Feinde jedes Ziels. Vage Formulierungen und undeutliche Vorstellungen reichen nicht aus. Es braucht konkrete und präzise Ansagen, die keine Zweifel daran lassen, was genau erreicht werden soll.

- **Messbar**
  Um rückblickend eindeutig feststellen zu können, ob Sie Ihr Ziel erreicht haben, muss dieses von Anfang an so formuliert werden, dass es messbar ist. Allerdings gibt es auch Ziele, die sich nicht ganz so leicht messen lassen. Hier müssen Ersatzgrößen oder alternative Möglichkeiten gefunden werden, um ein Ziel messbar zu machen.

- **Attraktiv**
  Ein Ziel kann nur dann erreicht werden, wenn alle Beteiligten und vor allem Sie selbst dahinterstehen, sich einbringen und tatsächlich auch Lust haben, das gesteckte Ziel in die Tat umzusetzen. Dies funktioniert durch eine positive Formulierung, die dazu anregt, loszulegen und aktiv zu werden.

- **Realistisch**
  Think big ... Was grundsätzlich eine gute Einstellung sein mag, ist bei der Zielsetzung oftmals unangebracht, da übertriebener Ehrgeiz hier zu Frust und Problemen führt. Setzen Sie keine utopischen Ziele, die Sie nicht erreichen können.

- **Terminiert**
  Jedes Ziel braucht einen zeitlichen Rahmen, eine Deadline, bis zu der etwas erledigt werden soll. Der Termin ist dabei gleichzeitig der Kontrollpunkt. Hier wird gemessen und festgehalten, ob all das umgesetzt werden konnte, was man sich vor Tagen, Wochen oder Monaten vorgenommen hat.

In diesem Zusammenhang muss ich immer an die Lottospieler denken. Warum spielen Menschen Lotto? Nach der Smart-Methode macht es nämlich gar keinen Sinn. Es ist zwar spezifisch (jeder weiß, worum es geht), messbar (man sieht ein klares und eindeutiges Ergebnis), attraktiv (weil man viel Geld gewinnen kann) und terminiert (weil es regelmäßig mittwochs und samstags stattfindet). Aber ist es realistisch? Nein, die Chance auf einen Gewinn ist viel zu gering. Aber dennoch füllen jede Woche Millionen Deutsche einen Lottoschein aus und bezahlen dafür. Sie blenden die Realität aus.

5.3 Methode 3: Alpen

Diese fünf Buchstaben stehen für

- **A**ufgaben aufschreiben
- **L**änge der Erledigung schätzen
- **P**ufferzeiten einplanen
- **E**ntscheidung über die Priorität
- **N**achkontrolle

Diese von Lothar J. Seiwert entwickelte Methode dient dazu, den eigenen Tag zu strukturieren. Wie schon erwähnt, ist das wichtig, um nicht chaotisch hin und her zu rennen, sondern seinen Weg genau zu kennen.

Der Weg beginnt mit dem Aufschreiben der Aufgaben. Dies kann eine To-do-Liste sein, die – zunächst noch ohne Rücksicht auf die Reihenfolge – die anstehenden Aufgaben (idealerweise für den nächsten Tag) auflistet. Was nicht erledigt ist, bleibt einfach auf dieser Liste stehen.

Im zweiten Schritt wird der Zeitaufwand für die jeweilige Aufgabe abgeschätzt. Dabei ist es wichtig, den Zeitaufwand realistisch einzuschätzen, nicht zu knapp, aber auch so, dass ein bestimmtes Zeitlimit eingehalten werden muss. Auch für Termine kann man nicht nur eine genaue Anfangs-, sondern auch eine Endzeit bestimmen.

Allerdings – das wissen wir alle aus Erfahrung – ist der Arbeitsablauf nicht frei von Störungen. Dafür sollten entsprechende Pufferzeiten eingeplant werden. Im Allgemeinen gilt, dass man 60 Prozent der verfügbaren Zeit konkret verplanen kann, 40 Prozent sollten als Zeitpuffer dienen, wobei etwa die Hälfte davon für unerwartete und spontane Aufgaben reserviert werden muss.

Natürlich geht es nicht ohne Entscheidungen: Was ist wichtig? Was kann man weglassen? Was kann man delegieren?

Ganz am Ende steht die Nachkontrolle. Dabei sollte nicht nur die Erfüllung der einzelnen Punkte, sondern auch die Gesamtheit der Planung überprüft werden. Erfahrungen können in zukünftige Planungen einfließen.

Allerdings: Werkzeuge allein helfen noch nicht. Erfolgsgaranten für MeTime sind ergänzend und darüber hinaus ein klarer Spielplan, eine eindeutige und verbindliche Struktur sowie die unablässige Disziplin, die Dinge auch so zu handhaben, wie sie definiert sind. Dabei geht es darum, immer das große Ganze im Blick zu haben, alle Handlungen und Strukturen so aufzustellen, dass die Einzelmaßnahmen ein rundes Gesamtbild ergeben.

In den folgenden 9 Tipps zeige ich Ihnen, wie einzelne Maßnahmen in Verbindung mit den hier beschriebenen Werkzeugen die MeTime-Philosophie rund machen – so rund, dass Sie am Ende wirklich nur noch Häkchen in Kästchen machen müssen.

6. Neun Tipps für den Weg zu MeTime

Wie schon erwähnt, ist MeTime viel mehr, als nur einzelne Maßnahmen zur Optimierung des Tagesablaufs oder der eigenen Leistungsfähigkeit umzusetzen. MeTime ist eine Philosophie, die aus der Kombination vieler Bausteine entsteht. Hier sind neun konkrete Tipps für den Weg zu MeTime und zu Ihrer persönlichen, stressfreien und produktiven Arbeit.

▶ Tipp 1: Planung und Organisation

Wie viele Menschen laufen völlig planlos durch die Gegend, sind orientierungslos, kommen immer zu spät, sind unvorbereitet und wissen am Ende nicht, worauf es eigentlich ankommt. Was entsteht daraus für diese Menschen? Stress. Weil sie den Anforderungen nicht gewachsen sind, weil es – vermeintlich – immer zu viel ist, zu schnell ...

Dabei ist es doch ganz einfach: Wer gut plant, hat gute Chancen, auch durch den Tag und durch die Woche zu kommen. Voraussetzung ist natürlich, dass der Plan so angelegt ist, dass man ihn schaffen kann. Wer Unmögliches plant, braucht sich nicht zu wundern, wenn er seinen Plan nicht erfüllen kann.

Ich arbeite an dieser Stelle immer mit To-do-Listen auf Papier. Ich schreibe alles auf, was zu tun ist. Dabei habe ich immer die Eisenhower-Methode im Hinterkopf. Das heißt: Ich schaffe Priorisierungen und überlege schon beim Aufschreiben, welche Aufgaben ich wie erledige und was ich gegebenenfalls delegieren kann. Diese Listen schaffen eine Struktur, die mich durch den Tag begleitet: Ich kann nichts mehr vergessen oder übersehen und habe immer den Überblick, welche Aufgaben noch anstehen. Es gibt Wochenlisten, Telefonlisten und Tätigkeitslisten. Daraus entsteht meine Tages-To-do-Liste.

 *„To-do-Listen schaffen Ordnung und Struktur."* 

Zur zielgerichteten Planerfüllung gehört es aber auch, sich und sein Umfeld gut zu organisieren. Wie viel Zeit verbringen Sie mit der Suche nach etwas? Wie viel Zeit wird verschwendet, weil keinem klar ist, wie etwas gemacht werden soll? Daraus entsteht Stress, der nicht sein muss, dabei wird Energie verbrannt, die viel besser für etwas Sinnvolleres eingesetzt werden könnte.

Und noch etwas gehört zu einer guten Planung, das ich mit einem Sprichwort beschreiben möchte: „Ist der Plan auch noch zu gut gelungen, verträgt er ein paar Änderungen." Wer sich durch zu strikte Planung in ein Korsett zwängen lässt, aus dem er auch dann nicht mehr herauskommt, wenn es notwendig ist, macht etwas falsch.

▶ Tipp 2: Ordnung im Kopf und am Arbeitsplatz

Jeder kennt das: Der Schreibtisch quillt über, ein Papierstapel hier, ein paar Ordner dort. Und wenn der Platz auf dem Schreibtisch nicht mehr ausreicht, legt man die Sachen auf den Boden. Genauso sieht es im E-Mail-Postfach vieler Menschen aus. 2000 Mails im Posteingang – da kann man schon mal den Überblick verlieren – oder etwas vergessen.

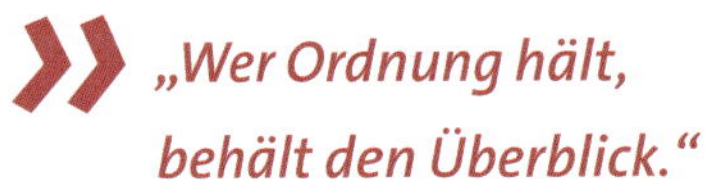

„Wer Ordnung hält, behält den Überblick."

Vielleicht ist der Rückschluss ja erlaubt: Wie es auf dem Schreibtisch aussieht, so sieht es auch im Kopf aus! Ich bin mir nicht ganz sicher, denn einige brauchen sicherlich ein kreatives Chaos. Aber klare Strukturen und Ordnung sorgen für effektives Arbeiten. Wer nicht suchen muss, kann die Zeit für sinnvolle Dinge nutzen – für bessere Leistung oder für mehr Freizeit. Wenn Sie jeden Tag 12 Minuten weniger suchen müssen, haben Sie am Ende der Woche 1 Stunde mehr Freizeit.

Übrigens ist die eigene Ordnung auch eine Struktur, die den anderen zeigt, wie man selbst tickt. Je klarer die eigene Struktur ist, desto leichter verstehen einen die anderen und können Gedanken, Ideen oder Anweisungen nachvollziehen.

▶ Tipp 3: Stellen Sie Spielregeln auf

Ich kann es nicht leiden, wenn plötzlich jemand bei mir im Büro steht und irgendeine Frage stellt, die ich ihm schon ein paar Mal beantwortet habe. Und trotzdem steht er wieder da – wenn ich Glück habe, hat er sogar angeklopft. Aber meine Konzentration auf das, was ich gerade gemacht habe, ist weg.

Zweites Beispiel: Ein Kunde ruft immer nach 19 Uhr bei mir an. Irgendwann will ich aber auch mal abschalten, will den Kopf frei bekommen, Freizeit haben und meinen Akku aufladen.

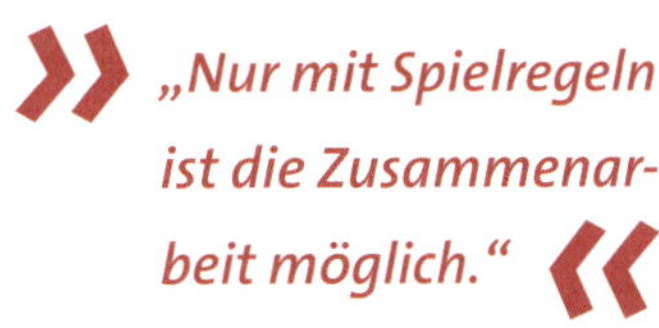

> *„Nur mit Spielregeln ist die Zusammenarbeit möglich.“*

In beiden Fällen gilt: Es nervt! Aber es passiert, weil es keine klaren Regeln gibt. Es gibt keine klaren Reglen, wann ein Kunde anrufen darf oder nicht, wann ein Mitarbeiter stören darf oder nicht. Es sind diese vielen kleinen Dinge, die nicht klar geregelt sind, die dann aber in der Summe stören.

Deshalb gilt: Stellen Sie klare Regeln auf – für sich selbst, aber auch für alle Menschen, mit denen Sie zu tun haben. Definieren Sie, wann Sie zu sprechen sind und wann nicht. Geben Sie Ihren Mitarbeitern Regeln für den Umgang mit Ihnen. Aber erklären Sie auch Ihrer Familie, dass Sie sich nicht um die Hausaufgaben der Kinder kümmern können, wenn Sie gerade in einem Meeting sind. Beachten Sie aber bei den Regeln die Werte, die Sie selbst aufgestellt haben, und leben Sie diese auch vor. Sie können die Einhaltung von Spielregeln von den anderen nur erwarten, wenn Sie selbst Ihre eigenen Regeln einhalten und die Regeln, die andere aufstellen, respektieren und akzeptieren. Das Zusammenwirken von Verbindlichkeit, Verantwortung und Vertrauen wird hier sehr deutlich.

▶ Tipp 4: Lernen Sie, Nein zu sagen

„Könntest du noch schnell ...?" – „Wir müssten noch ...!" – „Machen Sie doch bitte ...!" Diese Sätze kennt jeder aus seinem Alltag. Könntest du hier ein bisschen, dort ein bisschen und dann auch noch dieses und jenes. Meist sind es nur Kleinigkeiten. Doch wenn man immer nur Ja sagt, werden auch diese Kleinigkeiten am Ende richtig viel. Sie summieren sich zu einem ganzen Haufen Arbeit – Arbeit und Aufgaben, die Sie vielleicht gar nicht unbedingt brauchen oder wollen, die Ihnen nichts bringen.

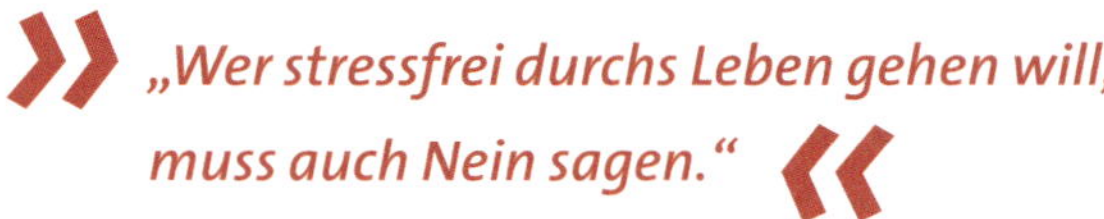

„Wer stressfrei durchs Leben gehen will, muss auch Nein sagen."

Aber warum machen Sie es dann trotzdem? Weil Sie nicht Nein sagen können. Weil Sie so gut und nett sind, es allen recht machen wollen und deshalb jede noch so kleine Bitte nicht abschlagen können.

Wenn Sie aber stressfrei durchs Leben gehen wollen, müssen Sie lernen, auch einmal Nein zu sagen. Natürlich nur an der richtigen Stelle, in der richtigen Situation und im richtigen Tonfall. Sie sollen sich Freiräume schaffen, indem Sie konsequent auf bestimmte Fragen Nein antworten und damit zeigen, dass Sie einen eigenen Willen haben. Allerdings sollten Sie für Ihr Umfeld auch weiterhin berechenbar bleiben. Wildes Nein-Sagen ohne erkennbaren Grund oder erkennbare strategische Linie sorgt für Verwirrung und Verunsicherung in Ihrem Umfeld – und somit auch zu einer schlechten Stimmung.

Mit Sicherheit helfen Ihnen diese Tipps zum Thema „Neinsagen“:

- Geben Sie eine Begründung: „Nein, weil ...“
- Bieten Sie eine Alternative: „Nein, aber dafür ...“
- Kündigen Sie ein Nein an: „Diesmal noch, aber ...“
- Schieben Sie das Nein auf: „Hat das noch Zeit?“
- Fragen Sie nach Konsequenzen: „Was würden Sie tun?“
- Setzen Sie Bedingungen: „Mache ich nur, wenn ...“
- Überhören Sie die Frage: „Tut mir leid für Sie.“
- Befristen Sie das Nein: „Jetzt bitte nicht.“
- Überlegen Sie erst: „Hm ... nein.“
- Sagen Sie ja, meinen aber nein: „Gerne, aber ich muss ...“

▶ Tipp 5: Eliminieren Sie Zeitdiebe

Ein Dieb ist jemand, der anderen etwas wegnimmt. Und das müssen nicht immer materielle Dinge sein. Es kann auch Zeit und Freude sein – und das sind Dinge, die man nicht zurückholen oder gar kaufen kann.

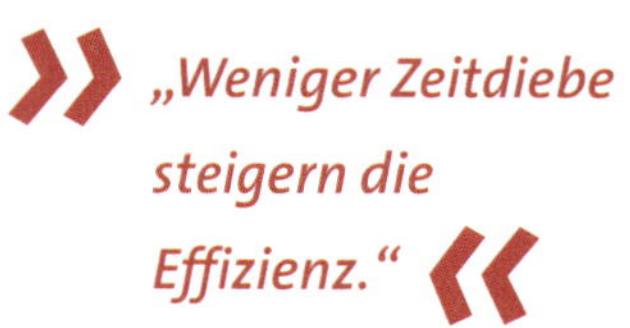

Ich hatte einmal einen Kunden, der ein echter Zeitdieb war. Kein Telefonat unter einer Stunde, keine Besprechung unter zwei Stunden. Aber nicht, weil wir so viel zu besprechen hatten. Nein, er kam einfach nicht auf den Punkt, erzählte immer wieder Dinge, die mit der Sache eigentlich nichts zu tun hatten. So schön es ist, ein Kundengespräch auf die persönliche Ebene zu bringen und etwas über die Familie zu erfahren – aber immer wieder die gleichen Geschichten, immer wieder dieselbe Leier, das wird irgendwann zu viel. Aber sagen Sie mal einem Kunden, dass Sie das eigentlich nicht interessiert. Dieser Kunde hat unendlich viel Zeit und letztendlich auch Nerven gekostet. An einen vernünftigen Stundenlohn war gar nicht zu denken.

Deshalb: Achten Sie auf die Effizienz, wenn Sie in Ihrem Umfeld kommunizieren. Stellen Sie klare Regeln auf und führen Sie Rituale ein. Sagen Sie zum Beispiel vorher, wie lange ein Gespräch dauern soll. Oder führen sie feste Sprechzeiten ein, in denen alle relevanten Fakten und Fragen straff und zielgerichtet abgearbeitet werden. Oder treffen Sie klare Entscheidungen, denn auch überflüssige Diskussionen rauben Zeit und Kraft.

Nicht, dass wir uns falsch verstehen: Sie müssen nicht wie ein Getriebener durch die Welt rennen und sich für die Themen anderer nicht mehr interessieren. Aber was zu viel ist, ist zu viel. Und dem kann man begegnen.

Lösungen für/gegen Zeitdiebe

Menschlich	Sachlich	Organisatorisch	Unvorhergesehen
▪ Mitarbeiter ▪ Kunden ▪ Vertreter ▪ Lieferanten ▪ Behörden ▪ Bekannte ▪ Freunde ▪ Familie ▪ Kollegen	▪ Werkzeug ▪ Material ▪ Know-how	▪ Koordination ▪ Schnittstellen ▪ Abläufe ▪ Informationsfluss	▪ Unfälle ▪ Pannen ▪ Notfälle ▪ Terminabsagen
Regeln aufstellen	**Ordnung schaffen**	**Strukturen schaffen und Regeln aufstellen**	**„Entscheidung": Love it, leave it, change it**

▶ Tipp 6: Delegieren Sie und lassen Sie los

Gerade in kleinen und mittleren Unternehmen ist ein Unternehmertyp ganz oft anzutreffen: der, der alles macht. Klar haben die meisten eine Ausbildung im jeweiligen Fachgebiet und kennen sich mit der Materie aus. Aber wo in größeren Unternehmen ganze Abteilungen zuständig sind, bleibt in kleineren Unternehmen vieles am Chef hängen: Personalmanagement, Einkauf, Vertrieb, Marketing, Rechnungswesen – und meist auch noch die aktive Mitarbeit im produktiven Teil des Unternehmens, im Handwerk sehr häufig auf der Baustelle. Das kann ganz schön viel werden, wenn man nach einem vollen Tag noch seine „Hausaufgaben" machen muss – Vorstellungsgespräche führen, Angebote schreiben, die Krankmeldungen an die Krankenkasse weiterleiten, aber auch noch den Dienstplan für die nächste Woche und den Einkauf der notwendigen Produkte vorbereiten.

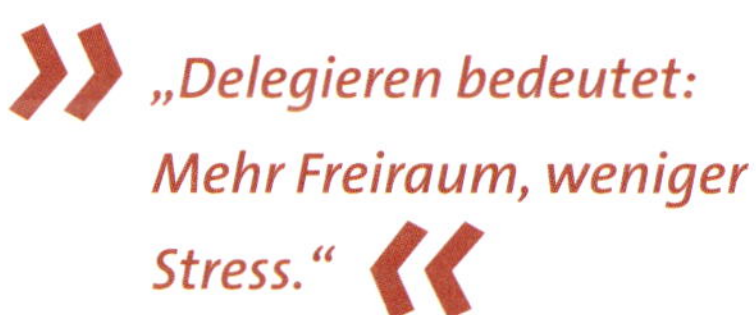

Für den, der in dieser Situation ist, gibt es nur einen Rat: Delegieren. Geben Sie Arbeit an andere ab und machen Sie nicht alles selbst. Ich weiß, das ist extrem schwierig, denn über all die Jahre haben Sie ja das Gefühl bekommen, dass Sie es selbst am besten können. Für viele Bereiche mag das sicherlich gelten. Aber wer vieles macht, macht auch Fehler. Sie können nicht immer volle Konzentration aufbringen, Sie können nicht in allen Bereichen ein Experte sein.

Deshalb ist Loslassen oftmals eine gute Option. Geben Sie Aufgaben ab, lassen Sie andere etwas machen. Aber ganz wichtig: Geben Sie auch Verantwortung ab. Es reicht nicht, dass ein Mitarbeiter Aufgaben für Sie erledigt. Er muss sich sicher sein, dass er weiß, was er tut, und er muss auch bereit sein, die Konsequenzen dafür zu übernehmen. Und Sie müssen sich auf ihn verlassen können. Dieses Grundgefühl müssen Sie schaffen. Dabei helfen Ihnen die drei Werte, über die ich schon gesprochen habe: **Verbindlichkeit, Verantwortung und Vertrauen.**

Was das Loslassen für Sie bedeutet? Mehr Freiraum, weniger Stress und mehr Konzentration auf das, was wirklich wichtig ist.

▶ Tipp 7: Love it, leave it, change it

Es gibt in jedem Alltag Dinge, die man gerne tut, und Dinge, die man weniger gerne tut. Und natürlich gibt es Sachen, die man überhaupt nicht gerne macht und die man so lange wie möglich vor sich herschiebt – immer in der Hoffnung, dass sie sich von selbst erledigen.

Das Problem dabei: Selbst die noch so ungeliebten Sachen müssen Sie irgendwann einmal erledigen. Kaum etwas kann man aussitzen – zumindest nicht dann, wenn man den Ball im Spiel halten und die Spielregeln selbst bestimmen will. Man kann vor einem Problem nicht weglaufen, denn je schneller man läuft, desto schneller überholt es einen. Man muss die Dinge anders sehen und das Problem wörtlich nehmen: In dem Wort steckt die Silbe „pro" und die steht immer für etwas Gutes und Positives.

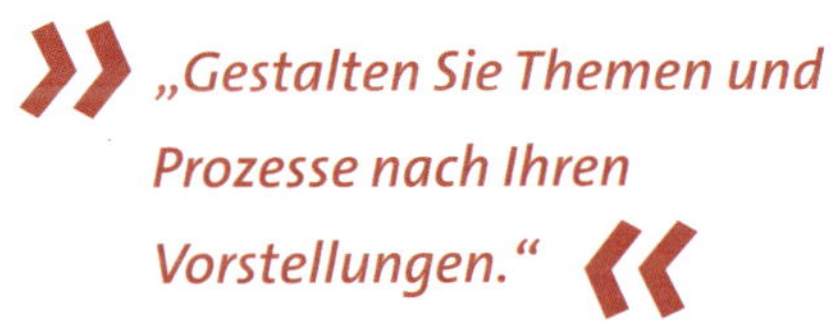

Besser also, man beschäftigt sich mit dem Thema, und dafür gibt es eine ganz einfache Regel: Love it, leave it, change it. Eine andere Lösung gibt es nicht. Entweder Sie fangen an, die noch so ungeliebten Dinge zu lieben – und es kann auch Spaß machen, eine Steuererklärung auszufüllen –, oder Sie lassen es sein. Das funktioniert bei der Steuererklärung natürlich nicht, aber bei vielen anderen Dingen. Ein Kunde, der Ihnen ständig auf die Nerven geht, muss ja nicht dauerhaft Ihr Kunde bleiben. Leave it. Verzichten Sie auf diesen Kunden, denn er bedeutet nur Stress und Ärger. Oder Sie leiten einen Veränderungsprozess ein. Sie gestalten die Spielregeln und bestimmen den Weg. Wenn Sie es schaffen, alle Themen und Prozesse nach Ihren Vorstellungen zu gestalten, haben Sie ein großes Ziel erreicht.

Wichtig ist nur, dass Sie die Stressquellen klar definieren und so viel Entscheidungsfreude aufbringen, um die Veränderungsprozesse auch einzuleiten. Aber Sie werden sehen: Nach der Einteilung in „love it, leave it, change it" werden Ihre Problemfelder immer kleiner, der Stress immer weniger.

CHANGE IT
LOVE IT
LEAVE IT

▶ Tipp 8: Raus aus dem Hamsterrad – planen Sie MeTime

Eine Horrorvorstellung: Jeden Tag das Gleiche tun, das gleiche Essen, die gleichen Menschen um einen herum. Jeden Tag die gleichen Wände, das gleiche Wetter und im Radio immer die gleiche Musik. Aber ist unser Leben nicht oftmals geprägt von dieser Eintönigkeit, von immer gleichen Abläufen und Aufgaben? Gehen wir nicht oft an Aufgaben mit immer der gleichen Vorgehensweise heran? Wird nicht vieles zur Routine, zur Gewohnheit? Aufstehen, frühstücken, arbeiten, Mittagspause machen, weiterarbeiten – vielleicht dazwischen mal eine Tasse Kaffee.

Deswegen ist es wichtig, aus diesem Hamsterrad auszubrechen, Dinge zu tun, die Ihre Batterie wieder aufladen. Ich kenne einen Unternehmer, der sich bewusst einen halben Tag in der Woche frei nimmt, um etwas Ungewöhnliches zu machen. Mal schaut er sich an, was seine Mitbewerber machen, mal trifft er sich mit einem Freund zum kreativen Gedankenaustausch, mal fährt er mit seiner Frau ins Gebirge und steigt auf einen Berg. Warum? Weil er ausbricht aus der Routine. Sein großer Vorteil ist: Bei diesem Ausbruch bekommt er einen ganz neuen Blick auf sich und sein Unternehmen. Denn er arbeitet nicht **im** Unternehmen, sondern in gewisser Weise **an** sich und seinem Unternehmen. Schon oft ist er am nächsten Tag mit irgendeiner Idee zurückgekommen, die ihn und sein Unternehmen vorangebracht hat.

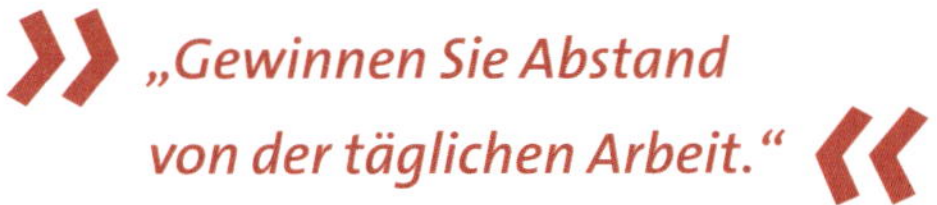

Im Kern geht es um den Abstand zur täglichen Arbeit und zur Routine. Es ist die Suche nach Reflektion, nach der Distanz, die nötig ist, um Dinge mit anderen Augen zu sehen, sich selbst den Spiegel vorzuhalten oder einfach mal auf den eigenen Bauch zu hören, weil man sonst nur vom Kopf gesteuert wird. Es geht einzig und allein darum, die Intention zuzulassen, um auf das Bauchgefühl hören zu können.

Dieser Ausstieg aus dem Hamsterrad muss übrigens nicht unbedingt Freizeit sein. Geplante MeTime kann auch im Job stattfinden, wenn es etwas gibt, das Ihnen Spaß macht, was Sie erfüllt.

Oder ein inspirierendes Gespräch mit einem Kollegen oder Anders-Denkenden. Wichtig sind die Freiheit im Kopf und die Reflektion des eigenen Tuns. Das Ergebnis ist in den meisten Fällen große Zufriedenheit.

▶ Tipp 9: Arbeiten Sie mit To-do-Listen und machen Sie Häkchen in Kästchen

Der Tag war wieder einmal voll mit Terminen, Telefonaten und Gesprächen. Zusätzlich mussten noch einige wichtige Punkte abgearbeitet werden. Am Ende des Tages sieht es auf dem Schreibtisch immer noch aus, als hätte eine Bombe eingeschlagen, und Sie verlassen das Büro mit dem Gefühl, nichts geschafft zu haben. Dabei haben Sie jede Menge geleistet.

Was für ein gutes Gefühl, wenn Sie am Ende des Tages in die vielen Kästchen der täglichen Aufgaben einen Haken machen können. Dieses Abhaken der erledigten Aufgaben ist für mich der wichtigste Punkt auf meiner persönlichen Agenda geworden.

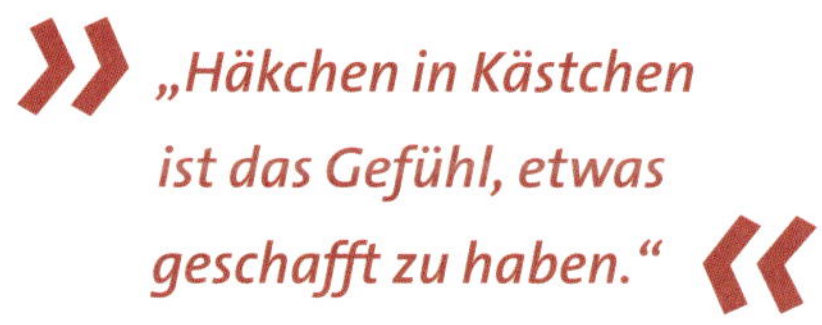

Das hat gleich zwei Vorteile: Ihre Arbeit wird strukturierter, wenn Sie sich vorher Gedanken machen, welche Aufgaben Sie an diesem Tag erledigen wollen oder müssen. Schreiben Sie diese auf. Dann haben Sie den Überblick und vergessen nichts.

Ich hatte die To-do-Listen ja schon erwähnt. Und wenn Sie eine Aufgabe auf der Liste erledigt haben, dann machen Sie einen großen Haken in das Kästchen davor. Sie können die Aufgabe auch durchstreichen, wenn Ihnen das lieber ist. Oder Sie schreiben jede Aufgabe auf einen kleinen Zettel, zerknüllen diesen nach Erledigung und werfen ihn in den Papierkorb (was Basketball-affine Unternehmer gerne auch aus größerer Entfernung machen). Hauptsache ist, Sie setzen ein Zeichen für die persönliche Leistung.

Allerdings möchte ich an dieser Stelle dazu raten, diese To-do-Listen in Papierform zu führen. Es gibt zwar nette Apps fürs Smartphone oder Tablet, aber die Macht des Papiers, das Haptische, ist nicht zu unterschätzen. Was für ein gutes Gefühl, wenn Sie nach Erledigung einer ganzen Liste das Papier zerknüllen oder zerreißen und in den Papierkorb werfen.

Machen Sie das bitte nicht mit dem Tablet! Das Gefühl, etwas erledigt und abgeschlossen zu haben, ist bei der Papiervariante ungleich größer!

Egal, wie Sie Ihre „Häkchen" machen, der Effekt ist immer der gleiche: Es ist ein gutes Gefühl, etwas geschafft zu haben. Je mehr Häkchen, desto besser das Gefühl, denn desto mehr haben Sie geleistet. Eine kleine Belohnung. Da werden Endorphine ausgeschüttet.

Ich schreibe mir auch manchmal Kleinigkeiten auf. Oder Dinge, die ich unmittelbar nach der Erstellung der Liste erledige. Dabei geht es mir nicht ums Vergessen, sondern hauptsächlich um das gute Gefühl, eine Aufgabe erledigt zu haben, einen Haken zu machen und wieder etwas geschafft zu haben.

III. Auswirkungen

Vielleicht fragen Sie sich jetzt: Warum erzählt er mir das? Die Antwort ist ganz einfach: Weil Sie, wenn Sie ganz ehrlich sind, so nicht mehr weitermachen können. Weil Sie schon zu lange und zu schnell im Hamsterrad unterwegs sind. Und weil Sie sonst irgendwann einmal aus diesem Hamsterrad rausfallen. Das Rad dreht sich dann sicherlich noch ein bisschen weiter – aber ohne Sie.

Wenn Sie die neun Tipps befolgen und die Ratschläge, die ich Ihnen aufgezeigt habe, wenn Sie die MeTime-Philosophie wirklich verinnerlicht und konsequent umgesetzt haben, dann werden Sie bald die positiven Auswirkungen spüren. Und was das für Ihr Leben bedeuten kann, möchte ich Ihnen in den folgenden Kapiteln kurz aufzeigen.

1. Burn-out-Prävention

„Ich kann nicht mehr! Ich will nicht mehr!" Wie oft haben Sie diesen Satz schon gedacht oder leise vor sich hin gesprochen. Das ist ganz normal. Denn nimmt der Stress zu sehr zu, sinkt die Leistungsfähigkeit. Der Mensch ist da ein Durchschnittswesen. In der Tierwelt gibt es für alles Spezialisten. Der Leopard ist schneller als der Mensch, der wiederum kann aber länger laufen. Aber auch nicht so lang, wie ein Storch fliegen kann. Die Fische können schneller und ausdauernder schwimmen, dafür vieles andere nicht.

So ähnlich ist es auch mit der Leistungsfähigkeit des Menschen. Im „mittleren Drehzahlbereich" ist die Leistungsfähigkeit am höchsten. Ist der Mensch zu wenig gefordert, entstehen durch Unterforderung schnell Langeweile, Müdigkeit, Frustration und Unzufriedenheit. Wirkliche Leistung kann der Mensch dann nicht bringen.

Steigen die Anforderungen aber über einen bestimmten Punkt hinaus, entsteht das, was viele als Stress bezeichnen. Ist der Mensch überfordert, reagiert er mit schlechten Leistungen, Krankheit, geringem Selbstwertgefühl und Frustration. Die Wissenschaft bezeichnet das – genauso wie die Unterforderung – als Distress. Und heutzutage endet diese Überforderung meist im Burn-out – vor allem, wenn sie lange anhält.

Wirklich produktiv und effektiv ist der Mensch im sogenannten Eustress. Stimmen alle Faktoren der Umwelt und der Leistungsanforderungen, ist der Mensch zu Außergewöhnlichem in der Lage: Er ist kreativ, trifft rationale Entscheidungen, sorgt für Fortschritt, Weiterentwicklung und Zufriedenheit.

Entscheidend ist also, die richtige Balance zu finden, die richtige Performance, um vom produktiven Eustress nicht in den Distress zu verfallen. Pausen, Auszeiten, aber auch Organisation und Struktur sind enorm wichtig, um diese Balance zu halten.

Dazu ein Beispiel, das Sie aus dem täglichen Leben kennen: Sie schließen Ihr Handy ja auch regelmäßig an das Ladegerät an. Warum? Weil ihm sonst „der Saft ausgeht" und es keine Leistung mehr bringen kann. Genau so ist es auch bei Ihnen. Auch Ihr Akku muss regelmäßig aufgeladen werden. Kommt er in den kritischen Bereich, wird die Leistung reduziert. Ist der Akku ganz leer, wird Ihr persönlicher Bildschirm auch schwarz.

Erst kürzlich habe ich gelesen, dass der Akku eines Smartphones dann am längsten hält, wenn er zwischen 30 und 70 Prozent seiner Ladekapazität hat. Wird er immer in diesem Bereich gehalten, hält er viel länger als der Akku, der zwar häufiger voll aufgeladen, dafür aber auch immer wieder richtig leer gemacht wird.

Ich will uns Menschen jetzt nicht mit einem Smartphone vergleichen. Aber rein bildlich ist der Vergleich durchaus stimmig. Auch Ihr Akku muss immer wieder mal aufgeladen werden – und zwar nicht erst dann, wenn der Bildschirm schon ganz schwarz ist.

2. Qualität in der Arbeitswelt

Der entscheidende Faktor in der Arbeitswelt ist Qualität. Sie ist nicht nur eine Grundvoraussetzung, wenn es um Produkte und Dienstleistungen geht. Das erwarten die Kunden, das ist Gesetz. Doch Qualität kommt nicht von ungefähr. Qualität muss hart erarbeitet werden. Und um Qualität liefern zu können, braucht man nicht nur gute Materialien, qualifizierte Mitarbeiter und eine moderne Ausrüstung. Man braucht vor allem die Qualität bei einem selbst.

Wer überarbeitet ist, macht Fehler. Wer keine Zeit hat, kann keine Qualität liefern. Wer nur noch von einem Termin zum nächsten hetzt, wird mit Sicherheit irgendwas vergessen.

Wie viel entspannter ist es da doch, wenn alles in geregelten Bahnen läuft. Wenn alles so organisiert ist, dass Sie als Unternehmer sich auf Ihr Team und die klare Struktur der

Abläufe verlassen können. Eine solche Struktur und der offene Umgang mit MeTime zwingt übrigens auch Ihr Umfeld und Ihre Mitarbeiter, sich ähnlich zu verhalten. Die drei Werte (Verbindlichkeit, Verantwortung, Vertrauen), über die ich schon mehrfach gesprochen habe, sind dabei extrem wichtig.

Wenn Sie MeTime richtig leben, dann bleibt Zeit für das, was einen Unternehmer ausmacht: Etwas zu unternehmen. Sich Gedanken zu machen, Ideen zu entwickeln, neue Projekte anzuschieben. Und jeden Kunden so zu behandeln, wie er es sich vorstellt. Nein, sogar noch viel besser. Denn dann haben Sie auch einmal Zeit und Muße für ein persönliches Wort, für ein Gespräch auf Augenhöhe und sind nicht schon in Gedanken im nächsten Meeting.

Diese Qualität werden Ihre Kunden zu schätzen wissen. Qualität, die gleichzusetzen ist mit Zuverlässigkeit, Termintreue und dem klaren Willen, den Kunden immer genau das abzuliefern, was sie haben wollen. Das ist Wertschätzung – und genau diese werden Ihnen Ihre Kunden ganz schnell zurückgeben.

Sie werden sehr schnell merken, wie sich diese Qualität auswirkt. Ihre Kunden werden zu Freunden, weil Sie derjenige sind, der nicht nur eine einwandfreie Leistung abliefert, sondern der, der das Quäntchen Vorsprung hat, den sich die Kunden wünschen – ohne diesen Wunsch je zu äußern und ohne dass sich dieser Wunsch in Geld packen lässt.

Ein persönliches Gespräch über die Familie oder den letzten Urlaub, ein paar nette Worte über die Leistungen der Tochter – es ist doch so einfach, jedes Geschäftsgespräch auf eine persönliche Ebene zu bringen.

Egal, ob Sie sich Zeit dafür nehmen oder Ihre Arbeit durch To-do-Listen organisieren und am Ende Häkchen in Kästchen machen: Sie bekommen Anerkennung, und das wird Sie noch weiter motivieren. Endorphine werden ausgeschüttet, Glücksgefühle entstehen. Wer wird denn nicht gerne gelobt? Wer bekommt denn nicht gerne positive Bestätigung? Das alles wird Ihnen zeigen, dass Sie auf dem richtigen Weg sind. Und dann macht die Arbeit wieder Spaß, dann gehen Sie am Ende des Tages nach Hause und sind mit sich zufrieden. Zum einen, weil der Laden läuft, zum anderen – und das ist das Wichtigste – weil Sie eine Qualität abgeliefert haben, die die Kunden noch nicht einmal von Ihnen erwartet hatten.

Sie können sicher sein: Aus solchen Erlebnissen schöpfen Sie so viel Kraft und Energie, so viel Motivation, dass Sie den Weg konsequent weitergehen.

3. Lebensqualität

Welche Lebensqualität hat denn ein Hamster, der immer nur im Rad läuft und doch nicht vorwärts kommt? Ist das Leben nicht zu kurz, um immer nur einem Ziel hinterherzulaufen und es doch nicht zu erreichen?

Ich habe schon viele Vorträge zum Thema MeTime gehalten. Und immer wieder habe ich dabei in erstaunte Gesichter von Managern und Unternehmern geblickt, die es sich nicht vorstellen konnten, auch an sich zu denken und die eigene Lebensqualität zu steigern.

Umso mehr habe ich mich am Tag nach einem Seminar gefreut, als mich zwei Bilder erreichten. Eines kam von einem oberbayerischen See und zeigte einen meiner Seminarteilnehmer auf dem Boot mit der Süddeutschen Zeitung. Das andere einen Seminarteilnehmer auf dem Gipfel eines Berges in den Alpen.

Was beide Bilder gemeinsam hatten: die Unterzeile „meine MeTime". Was aber noch viel wichtiger war: Beide Bilder zeigten strahlende Gesichter. Glückliche Menschen, die die Gunst der Stunde genutzt hatten, ausgebrochen waren aus ihrem Alltag und sich Zeit für sich genommen hatten. MeTime eben – und zwar in der schönsten Form.

Dabei möchte ich Sie jetzt nicht zu sportlichen Höchstleistungen antreiben oder zum Nichtstun überreden. Es geht um etwas ganz anderes, Einfaches, aber nicht weniger Wichtiges: Lebensqualität und Spaß, Entspannung und Erholung, Ausbruch und Begeisterung. Es geht um alles, was die Batterien auflädt – und das muss nicht nur Freizeit sein. Wenn es in Ihrem Unternehmen etwas gibt, das Ihnen Spaß macht und Ihnen Erfüllung bringt, dann kann auch das MeTime sein.

Ich weiß, es ist nicht einfach. Aber versuchen Sie es trotzdem einmal. Machen Sie das, worauf Sie gerade Lust haben. Etwas, das Sie wirklich wollen! Seien Sie dabei aber konsequent und denken Sie immer an den Weg, den Sie gehen wollen. Jedes Häckchen ist die Bestätigung, dass etwas funktioniert.

Es ist völlig egal, ob Sie auf der Couch sitzen und ein Buch lesen, mit Ihrem Partner zum Essen gehen, in der Disco abtanzen oder einen Kurztrip nach Mailand machen. Es kommt darauf an, dass Sie es wollen. Dass es etwas ist, das aus Ihrer tiefsten, innersten Überzeugung kommt, das Ihnen guttut. Nicht Ihrer Familie, Ihrem Unternehmen oder der Erwartungshaltung der Gesellschaft. Nur Ihnen! Sagen Sie MeTime nicht nur, leben Sie es!

IV. Kommunikation

Sich selbst eine Strategie zurechtzulegen, sie zu verinnerlichen und zu leben, macht nur einen Teil des Erfolges aus. Damit die Philosophie von MeTime zu einem ganzheitlichen und nachhaltigen Erfolg wird, ist es entscheidend, das Umfeld auf dem Weg mitzunehmen – die Familie und Freunde, die Mitarbeiterinnen und Mitarbeiter, aber auch Kunden und Lieferanten.

Nur, wenn die anderen wissen und verstanden haben, welche neuen Ansätze künftig gelten, können sie den Weg mitgehen, können unterstützen und ihren Beitrag dazu leisten, dass durch MeTime ein entspannter Weg zum erfolgreichen Ziel möglich ist. Nur dann können sie auch die eine oder andere Entscheidung oder Vorgehensweise verstehen – und das Verstehen der anderen ist entscheidend für den Erfolg des eigenen Handelns.

Allerdings ist es für den Erfolg dieser wichtigen Kommunikation entscheidend, wie diese erfolgt. Denn: Nicht alles, was der eine so sagt, versteht der andere auch so, wie es gemeint war. Und entgegen der eigenen Erwartung handelt das Gegenüber oft nicht entsprechend.

Auch die Gesprächssituation ist wichtig: Einfach mal so, zwischen Tür und Angel, wie es so schön heißt, ist für solch grundlegende Themen oft nicht zielführend. Das richtige Timing ist gefragt, wenn ich mein Gegenüber abholen möchte, um ihn für mich zu gewinnen.

Damit diese Kommunikation von Erfolg geprägt ist, ist es wichtig, ein paar Grundregeln der Kommunikation zu kennen.

Jeder Mensch ist bei der Aufnahme von Kommunikationssignalen eines anderen unterschiedlich geprägt – geprägt durch seine Herkunft, seine Erziehung und seine Erfahrungen, aber auch durch sein eigenes Kommunikationsverhalten. Wie oft haben schon Polizisten bei Zeugenbefragungen völlig unterschiedliche Aussagen von ein und demselben Sachverhalt erhalten. Klar, weil jeder etwas anderes wahrnimmt, aber auch, weil jeder das, was er wahrnimmt, anders ausdrückt.

Deshalb gilt:

- Gemeint ist noch nicht gesagt.
- Gesagt ist noch nicht gehört.
- Gehört ist noch nicht verstanden.
- Verstanden ist noch nicht akzeptiert.

Alles, was den Menschen in Bewegung setzt, muss durch seinen Kopf hindurch. Aber welche Gestalt es in diesem Kopf annimmt, hängt sehr von den Umständen ab.

1. Grundlagen der Kommunikation

In der Wissenschaft gibt es zahlreiche Ansätze, die versuchen, die Kommunikation zwischen Menschen zu erklären – Modelle, die auch einen Erklärungsversuch liefern, warum es im einen oder anderen Fall mit der Kommunikation nicht klappt.

Klar ist: Bei jeder Kommunikation gibt es einen Sender und einen Empfänger (das sogenannte „Shannon-Weaver-Modell"). Während der Sender seine Informationen codiert, z. B. in Sprache oder in geschriebenen Buchstaben, muss der Empfänger diesen Code auch entschlüsseln können. Am einfachsten zu verstehen ist dieses Beispiel bei unterschiedlichen Sprachen. Aber auch das Verständnis von Ironie, unterschiedlicher Humor oder andere Faktoren wie Außengeräusche, fehlende Aufmerksamkeit oder unklare Aussprache können die Kommunikation stören.

Wichtig für das Verständnis gelungener Kommunikation ist das „Eisberg-Modell", das auch als Pare-to-Prinzip bekannt ist. Es besagt, dass – ähnlich wie bei einem Eisberg, bei dem 80 % des Volumens unter der Wasseroberfläche verborgen bleiben – nur 20 % der Kommunikation auf der sachlichen Ebene bzw. der verbalen Kommunikation stattfinden. 80 % spielen sich auf der Beziehungsebene ab und werden durch Vorerfahrungen, aber vor allem durch Mimik und Gestik beeinflusst. Gerade dieses Wissen ist enorm wichtig, wenn man die Wirkung der eigenen Worte verstehen will oder gegebenenfalls hinterfragt, warum eine klar ausgesprochene Information beim Empfänger doch nicht richtig angekommen ist.

Als weiterer Baustein im Kommunikationsverständnis sei an dieser Stelle kurz die von Daniel Goleman geprägte „Emotionale Intelligenz" erwähnt. Sie beinhaltet Fähigkeiten und Kompetenzen, wie z. B. Mitgefühl, Kommunikationsfähigkeit, Menschlichkeit, Takt, Höflichkeit und betrifft den Umgang mit uns selbst und mit anderen.

Zum einen geht es darum, sich selbst klar und verständlich auszudrücken, aber auch darum, anderen aktiv und aufmerksam zuhören zu können, und das, was andere sagen, zu verstehen und einzuordnen. Oder anders ausgedrückt: Ohne emotionale Intelligenz beider Partner ist keine vernünftige Kommunikation möglich! Und für die Einschätzung der Wirkung der eigenen Kommunikation ist das Wissen über die emotionale Intelligenz des anderen enorm wichtig.

Und schließlich ist es das „Vier-Ohren-Prinzip“ des deutschen Psychologen Friedemann Schulz von Thun, das zum Grundverständnis in der Kommunikation eine wichtige Rolle spielt. Kurz gesagt kann jede kommunikative Nachricht – und zwar unabhängig davon, ob der Sender dies bewusst so will oder nicht – in vier Bewusstseinsebenen vom Empfänger wahrgenommen werden:

Sachebene, Selbstoffenbarung, Beziehungsebene und Appell

Spannend an diesem Vier-Ohren-Prinzip ist, dass der Empfänger einzig und allein darüber entscheidet, mit welchem Ohr bzw. welcher Bewusstseinsebene die Informationen aufgenommen werden. Mit dem „falschen“ Ohr empfangen, wird die gewollte Information missverstanden, falsch interpretiert und im schlimmsten Fall vom Empfänger mit negativen Emotionen verknüpft, die vom Sender weder beabsichtigt noch vorsätzlich waren.

Somit bestimmt die subjektive Wahrnehmung das Verständnis in der Kommunikation und wird sofort gestört, wenn das gegenseitige Verständnis verloren geht.

Und noch einen Aspekt möchte ich an dieser Stelle erwähnen: Die drei „Geister“, die immer schuld sind, wenn etwas nicht klappt: Der Aber, der Keiner und der Niemand.

Die kennen alle, denn diese verhindern jegliche zielgerichtete Kommunikation:

„Ich würde ja, aber …“. Da ist schon der erste der drei Geister. Und immer hat „keiner“ etwas getan und „niemand“ ist verantwortlich. Gegen diese „Geister“ gilt es mit guten Argumenten und klarer Kommunikation anzukämpfen, um zielführend und erfolgreich zu agieren.

Warum ich das so ausführlich beschreibe?

Nur wenn mir klar ist, wie ich funktioniere und wie die Kommunikation zwischen zwei Menschen funktioniert, kann ich besser verstehen, wie meine Mitmenschen denken und handeln.

Und nur wenn ich diese Zusammenhänge verstanden habe, kann ich auch richtig und erfolgreich kommunizieren – so kommunizieren, dass am Ende die Information ankommt, die ich auch senden wollte – die dann wiederum die Reaktion auslöst, die ich mir auch erhoffe.

Ich kann zwar Dinge aus meiner Sicht darstellen, aber ich werde keinen Erfolg damit haben, wenn ich vergesse, den anderen in seiner Welt und mit seinem Verständnis abzuholen.

Klar muss auch sein, dass neben dem eigentlich Gesagten auch die Art der Kommunikation eine Rolle spielt. **„Der Ton macht die Musik“** heißt es immer so schön. Aber in der Tat sind Tonlage und Lautstärke, aber auch Satzbau und Ausdrucksweise entscheidend für den Erfolg der Kommunikation. Einen komplizierten Sachverhalt schreiend zu verkünden, macht keinen Sinn, weil die Informationen gar nicht aufgenommen werden können. Und sich als Chef mit Fremdwörtern zu schmücken und endlos lange Sätze zu formulieren, lässt den einen oder anderen Zuhörer auch schnell abschalten.

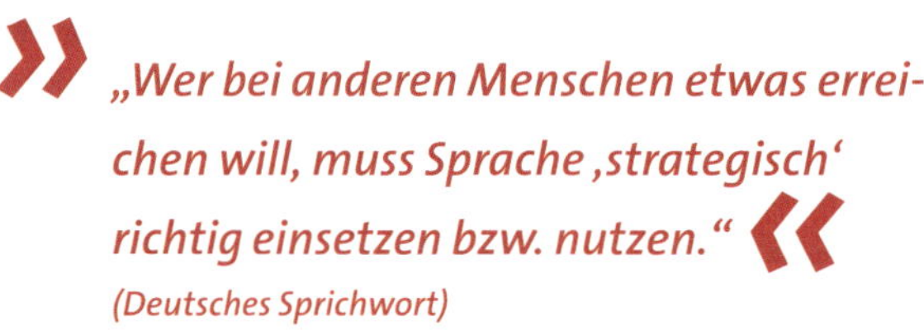

„Wer bei anderen Menschen etwas erreichen will, muss Sprache ‚strategisch‘ richtig einsetzen bzw. nutzen.“
(Deutsches Sprichwort)

Deshalb ist es für die Kommunikation von MeTime gegenüber der Umwelt wichtig, den richtigen Zeitpunkt, die richtige Situation und die richtige Tonlage zu finden. Im Grundsatz könnte man eigentlich ein solches Gespräch als nichts anderes sehen als ein Verkaufsgespräch – ja, ein verkapptes Verkaufsgespräch, bei dem es darum geht, dem anderen die eigene Philosophie, Einstellung und Arbeits- bzw. Vorgehensweise so näher zu bringen bzw. „zu verkaufen“, dass er „auch“ davon begeistert ist und „in Harmonie“ den Weg mitgehen möchte. Man verkauft quasi sein eigenes „Regelbuch“ (Gebrauchsanweisung) – und je besser und überzeugender man das tut, desto schneller, einfacher und erfolgreicher wird der weitere gemeinsame Weg, der besonders dann erfolgreich ist, wenn sich alle an die Regeln halten.

Die Überzeugungskraft und Motivation liegt im kleinsten gemeinsamen Nenner!

Um im Leben weiterzukommen, geht es darum, Ziele zu erreichen. Das sind Ziele, die zu erledigen sind und gedanklich auf einer To-do-Liste stehen. In einem guten Miteinander/ Zusammenarbeit geht es neben der Bewältigung der Aufgabe vor allem auch darum, welche Abhängigkeiten durch die Aufgabe entstehen, wie viel Zeit aufgewendet werden muss und wie viel Nerven das kostet.

Jeder hat eine Grundmotivation, mit dem geringsten zeitlichen Aufwand möglichst störungsfrei und mit Freude erfolgreich Ziele zu erreichen. Der „Deal" bzw. das Kommittent ist, so einfach und schnell wie möglich sich gegenseitig zu helfen, sein „Häkchen in Kästchen" zu bringen.

Unter Einhaltung klarer Spiel- und Verhaltensregeln, Verteilung der Verantwortung und der Abgrenzung von Hol- und Bringschulden ist der Grundstein für eine zielorientierte, effiziente erfolgreiche Zusammenarbeit gelegt.

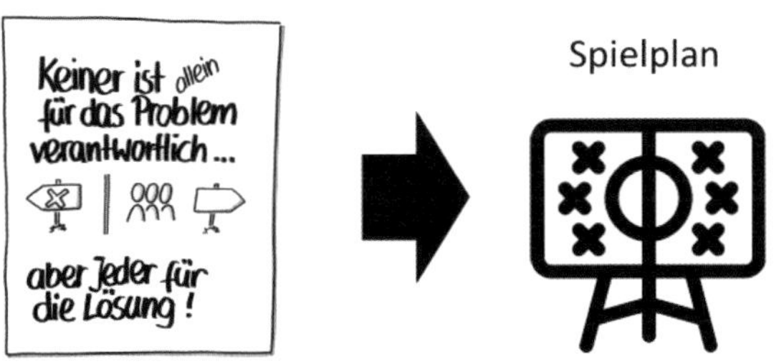

2. Gute Kommunikation

Für die erfolgreiche Kommunikation als Basis für den Erfolg jedes Gespräches, aber insbesondere für die Vermittlung tiefgreifender und alle Beteiligten betreffender Sachverhalte, sollte sich jeder ein paar Regeln aufstellen. Regeln übrigens, die in der gegenseitigen Kommunikation Anwendung finden sollten – also auch im umgekehrten Fall für alle Menschen, mit denen man zu tun hat.

Simplifikation sei hier an erster Stelle genannt. Das bedeutet nicht unbedingt eine „einfache" Sprache, sondern ein Herunterbrechen der Informationen auf den kleinsten gemeinsamen Nenner. Ziel der Kommunikation muss es sein, dass jeder am Ende ein „Häkchen" in sein Kästchen machen kann – dass jeder am Ende des Gesprächs nicht nur weiß, was zu tun ist, sondern auch zufrieden sein kann.

Deshalb an dieser Stelle fünf Regeln für gute Kommunikation:

1. Als Basics muss sich jeder an drei Grundregeln halten.

Verbindlichkeit, Verantwortung, Vertrauen

Gemeint ist damit: „Ein Mann, ein Wort" (= Verbindlichkeit), eine klare Vereinbarung, wer für was steht (= Verantwortung) und ein gutes Miteinander im Sinne von pünktlich, empathisch und pro-aktiv (= Vertrauen).

2. Im Rahmen guter Kommunikation muss jeder für sich eine Priorisierung durchführen: Was ist wichtig, was ist dringlich. Was kann und muss ich selbst erledigen, was kann ich delegieren. Dabei gilt aber immer: Wichtigkeit vor Dringlichkeit.

3. Chaos im Kopf, Chaos in der Arbeitsweise, Chaos in der Kommunikation – das führt in der Regel nicht zum Erfolg. Wer etwas sagen will, sollte sich vorher eine Struktur zurechtlegen und seine Gedanken klar, deutlich und strukturiert formulieren, damit andere ihm folgen können.

4. Jede Kommunikation beinhaltet immer sowohl Holschulden als auch Bringschulden. Diese Anforderungen gilt es klar zu formulieren – und sich aber auch an die eigenen Bringschulden zu halten.

5. Jede Kommunikation beruht auf Gegenseitigkeit. Jeder, der etwas sagt, erwartet eine Antwort oder zumindest eine Reaktion. Das ist die Mindestanforderung, damit man weiß, ob die Information auch angekommen ist.

Nur wenn sich alle an der guten Kommunikation beteiligen, sich an die Regeln halten und einbringen, kann jeder am Ende sein „Häkchen in Kästchen" machen und sein Ziel erreichen – quasi als Win-Win-Situation für alle Gesprächspartner.

Bei jeder Kommunikation muss ich mich aber ganz persönlich fragen:

Was will er oder sie mir sagen?

Was habe ich davon?

Bekomme ich durch das Gespräch ein „Häkchen in Kästchen", um eines meiner Ziele zu erreichen?

Ziele können dabei sein: Einen Vorteil haben, eine verbindliche Aufgabe erledigen, einen Nutzen haben, einen Mehrwert oder eine Ersparnis. Egal was, es muss zum Ziel führen.

Tut es das nicht – und man stellt das in der Kommunikation fest – dann heißt es: Stopp! Als Selbstschutz, aber auch, um die eigenen Ziele weiterhin erreichen zu können. Denn nur mit der richtigen Kommunikation kann man am Ende sein „Häkchen in Kästchen" machen – und das muss das große Ziel sein.

Denn es geht immer darum, die richtigen Dinge zu tun, aber auch darum, die Dinge richtig zu tun.

» *„Respekt ist kein Privileg, sondern die einfachste Form des Umgangs."* «
(Sprichwort)

IV. Ausblick

Fangen. Sie. Jetzt. An.

Ich denke, Sie haben verstanden, warum Sie ohne MeTime langfristig nicht (mehr) erfolgreich sein können. Nur wenn Sie es schaffen, Ihre Batterie regelmäßig aufzuladen, haben Sie genügend Energie für den täglichen Irrsinn. Die Instrumente für diesen Energieschub habe ich Ihnen aufgezeigt.

Auch wenn Sie jetzt denken, dass Sie doch nicht Ihr ganzes Leben und Ihr ganzes Unternehmen auf den Kopf stellen können, empfehle ich Ihnen, mit kleinen Schritten zu beginnen. Denn manchmal muss man sich kleine Brücken bauen, um sich selbst zum Glück zu zwingen. Fangen sie mit To-do-Listen an. Das ist die erste Brücke, denn damit bekommen Sie Ordnung und Struktur und nichts wird vergessen.

Es ist schon komisch, wenn ich darüber nachdenke: Wenn ich nur so viel auf meinen Zettel schreibe, was ich auch sicher schaffe, bin ich jeden Tag glücklich. Frage an Sie: „Warum machen viele das dann nicht so – wenn es so einfach sein könnte?"

Überlegen Sie dann, wie und wo Sie Ihre Batterien aufladen können. Tragen Sie dies als MeTime in Ihren Kalender ein. Sie werden merken: Wenn Sie einmal aussteigen aus dem täglichen Hamsterrad, haben Sie ganz schnell den Kopf frei für neue Dinge. Mit Sicherheit aber vor allem dafür, alte Zöpfe möglichst schnell abzuschneiden und eine neue Philosophie zu leben – MeTime. Sie sind der Wichtigste, Sie bestimmen den Weg!

Ganz wichtig: Nehmen Sie die anderen Menschen auf diesem Weg mit. Kommunizieren Sie MeTime, denn Unterstützung und Verständnis aus Ihrem Umfeld werden Sie nur bekommen, wenn die anderen wissen, worum es geht.

Und der allerwichtigste Schritt: Schreiben Sie MeTime auf Ihre To-do-Liste. Arbeiten Sie überhaupt mit diesen Listen. „Häkchen in Kästchen" sind der beste Balsam für Ihre Unternehmerseele. Was erledigt ist, bekommt ein Häkchen. Sie werden schnell merken, wie viel Endorphine ein solcher Haken ausschütten kann. Erledigt heißt: Häkchen in Kästchen. Heißt: Glücklich sein.

Ich wünsche Ihnen viel Erfolg auf diesem Weg!

Ihr
Thomas Graber

Der Autor

Thomas Graber ist Unternehmer mit Leib und Seele. Seit seinem 18. Geburtstag ist er Inhaber und Geschäftsführer der Firma, die sein Vater als Handwerksunternehmen für technische Isolierung und Brandschutz ursprünglich aufgebaut hat. Nach der Übernahme erlebte er mit der Graber GmbH alle Höhen und Tiefen des Geschäftslebens. Im Laufe der Jahre hat der heute 46-Jährige seine Firma zu einem mittelständischen Handwerks- und Dienstleistungsunternehmen geführt, das heute sowohl regional als auch im In- und Ausland in den Bereichen Technische Isolierung, Trockenbau und Innenausbau als wichtiger Partner wahrgenommen wird.

Sein umfangreiches Fachwissen bringt Thomas Graber sowohl als Vorstandsmitglied seiner Berufsstandsvertretung ein als auch in den Normen- und Fachausschüssen, um einen Beitrag zur Weiterentwicklung von Stand und Regeln der Technik zu leisten.

Der erfahrene Handwerksmeister geht seit mehr als zehn Jahren mehreren Lehramtstätigkeiten nach, um im Bereich der Aus- und Weiterbildung sein Know-how weiterzugeben.

Ein Handwerker, Unternehmer und Praktiker als Redner

Thomas Graber ist ein kreativer Handwerker und erfolgreicher Unternehmer. Seine vielfältigen Erfahrungen in der Praxis gibt er als Redner und Experte für kleine und mittelständische Unternehmen weiter. Komplexe Themen verpackt er dabei geradezu spielerisch in einfache Worte und prägnante Bilder.

Dabei weiß Thomas Graber, wovon er spricht, denn sein Unternehmen wurde 2013 als einer der Top-100-Arbeitgeber in Deutschland ausgezeichnet. Fachlich fundiert und mit hohem Praxisbezug geht er erfrischend und fesselnd auf das ein, was Unternehmer in Handwerk und Dienstleistung heute interessiert. „Manchmal sind es die einfachen Dinge und Kleinigkeiten, die uns erfolgreich machen“, ist Thomas Graber überzeugt. Seine Zuhörer sind begeistert. Er bringt die Themen geradlinig auf den Punkt. Seine Tipps und Tools, theoretisch wie praktisch, sind simpel und funktionieren perfekt.

Me-Time: Zeitmanagement gegen Stress und Burn-out

Aus seinem persönlichen Umfeld weiß Thomas Graber um die Problematik von Stress und Burn-out. Seine Idee: Me-Time. Gerade Unternehmer sind täglich in vielfältiger

Weise gefordert und getrieben von den Anforderungen, die an sie gestellt werden. „Jeder braucht Zeit für sich“, sagt der Handwerker und Unternehmer.

Doch dabei geht es nicht nur um Freizeit: Me-Time ist Philosophie und Strategie zugleich. Sie greift in den Alltag ein, stoppt Zeitdiebe und verhilft zu einem effizienten Tagesablauf und harmonischen Arbeitsklima. „Me-Time verändert das Bewusstsein und zeigt mir, wem ich meine Zeit schenke und was wirklich für mich selbst wichtig ist“, so Thomas Graber. Sie trägt nachhaltig dazu bei, Dinge zu tun, die den Akku wieder aufladen. Klare Regeln, Konsequenz und Ausgeglichenheit sind dabei maßgebliche Erfolgsfaktoren, die zu mehr Selbstbestimmung im Alltag führen, für weniger Stress sorgen und Krankheiten sowie Burn-out vorbeugen.

Graber Management Training

Am Müllnerberg 2
83129 Höslwang
Tel.: +49 80 51-6 21 00
Fax: +49 80 51-6 21 12
E-Mail: buero@graber-management-training.de
www.graber-management-training.de